meinem Freund und Kollegen
Norman H. Baker
1931–2005

Rudolf Kippenhahn

Kippenhahns Sternstunden

Unterhaltsames
und Erstaunliches
aus der Welt der Sterne

KOSMOS

Inhalt

Was uns die Sterne erzählen

Aus den Tiefen des Alls

Vorwort

Viele Menschen interessieren sich für Astronomie und nach wie vor finden Sternwarten und Planetarien guten Zuspruch. Das ist gut so und sollte unterstützt werden. Zahlreiche Interessierte werden aber durch die Lektüre komplizierter Fachartikel schnell wieder vom Thema abgeschreckt. In wissenschaftlichen Veröffentlichungen können nur die „harten" – für viele unverständlichen – Fakten übermittelt werden; für die Darstellung der Wissenschaftler als Menschen und die Beschreibung der Wege und Umwege, über die sie zu ihren Ergebnissen kamen, ist in den Fachjournalen kein Platz.

Das ist in diesem Buch anders. Es ist aus einzelnen Artikeln aufgebaut, die ich in den letzten Jahren für die Zeitschriften „Star Observer", „Sterne und Weltraum" und „Astronomie Heute" geschrieben habe. Ich habe darin versucht, astronomische Sachverhalte einem breiten Leserkreis näher zu bringen. In meinen kurzen Plaudereien geht es auch um die beteiligten Menschen und um interessante oder skurrile Nebensächlichkeiten, die ich dem Leser nicht vorenthalten möchte. Manchmal habe ich dabei auf allgemein verbreitete Irrtümer hingewiesen, in einigen Fällen sah ich auch die Möglichkeit, dem Leser etwas auf den ersten Blick Unverständliches auf einfache Weise näher zu bringen.

Ich freue mich, dass der Kosmos-Verlag, dessen Bücher und Experimentierkästen – insbesondere sein früherer Linsensatz zum Bau eines astronomischen Fernrohres – mich in meiner Jugend entscheidend beeinflusst haben, diese Geschichtensammlung herausbringt. Ich danke meiner Lektorin Frau Justina Engelmann, die mich bei der Herstellung des endgültigen Manuskriptes begleitete. Ich danke auch meinem Freund, dem Göttinger Mathematiker Hans-Ludwig de Vries, der nahezu alle meine Texte vor der Drucklegung kritisch gelesen und mit zahlreichen Anregungen zum Gelingen beigetragen hat.

Rudolf Kippenhahn,
Göttingen

Irdisches und Menschliches

Warum ein Stern nichts wiegt

Gestern sagte mir mein Freund Hans-Ludwig, er habe Probleme mit dem Gewicht. Ich antwortete, das sei mir schon vor längerer Zeit aufgefallen, da helfe eben nur eines: weniger essen. Aber er antwortete, ich hätte ihn missverstanden. Es ginge nicht um sein Gewicht, sondern um das Gewicht der Sterne. Erst kürzlich hätte er in einer populären Wissenschaftszeitschrift von leichten und schweren Sternen gelesen, das sei doch Unsinn.

Da hatte er Recht. Sterne an sich haben kein Gewicht, denn Gewicht ist keine Eigenschaft eines Körpers und schon gar nicht eines Sterns. Die Schwere ist die Wechselwirkung zweier Körper, die einander anziehen. Das Gewicht, das mich zu Boden drückt, ist eine Kraft zwischen der Erde und mir. Vom Gewicht eines Körpers zu sprechen, macht nur Sinn, wenn erklärt wird, welches Schwerefeld ihm Gewicht verleiht.

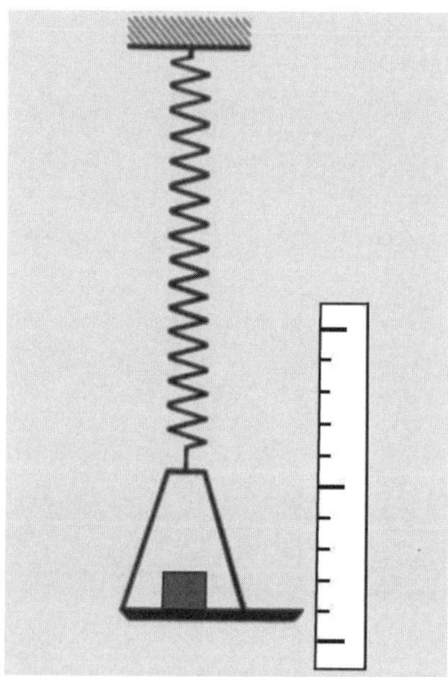

Die Federwaage vergleicht die Schwerkraft mit der Spannkraft einer Feder. Ihre Anzeige ist von der Stärke des Schwerefeldes abhängig.

Kein Gewicht, aber doch Masse

Im Haushalt kann ich das Gewicht eines Gegenstandes im Schwerefeld der Erde mit einer Federwaage bestimmen. Die Feder dehnt sich so lange, bis die Federkraft der Schwerkraft die Waage hält. Wie die Schwerkraft, so ist aber auch das Gewicht von Ort zu Ort verschieden. Nicht einmal auf der Erdoberfläche ist das Gewicht überall dasselbe, denn die Erde ist keine exakte Kugel und sie dreht sich. Das am Äquator mit einer Federwaage abgewogene Päckchen Kaffee ist an den Polen ein halbes Prozent schwerer. Ein in der Raumstation an der Federwaage hängender Körper dehnt die Feder überhaupt nicht, sein Gewicht ist dort eben null. Deshalb ist auch die Frage, wie schwer ein Stern im leeren Weltraum sei, unsinnig.

Die andere Eigenschaft eines Körpers, die meist leichtfertig ebenfalls als sein Gewicht bezeichnet wird, ist seine *Masse*. Sie wird in *Kilogramm* (kg) gemessen. Wir können sie auf der Waage mit den Massen eines geeichten Gewichtssatzes vergleichen, etwa auf einer Balkenwaage, auf der alten Küchenwaage mit den verschiebbaren Gewichten oder aber auf einer Briefwaage.

Ein Körper, der auf solch einer Waage auf der Erde mit der Masse eines Kilogrammgewichts im Gleichgewicht ist, ist dies auch auf dem Mond oder auf einem anderen Planeten. Die Masse

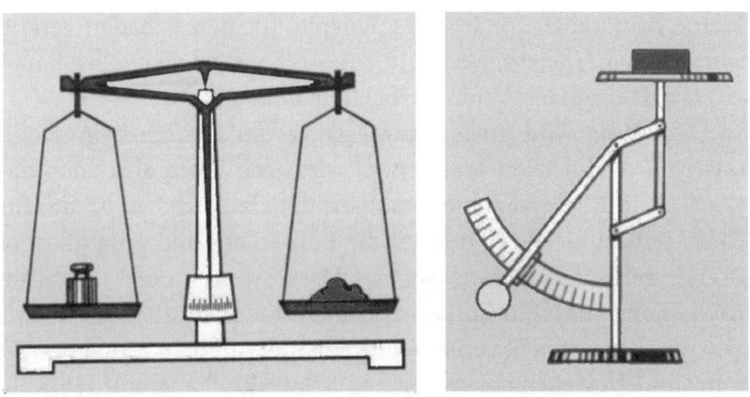

Bei der Balkenwaage (links) wie bei der Briefwaage (rechts) werden Massen miteinander verglichen. Was auf ihnen auf der Erde im Gleichgewicht ist, ist es auch in jedem anderen Schwerefeld.

eines Körpers ist eine Eigenschaft, die unabhängig vom Ort ist, an dem ich sie messe.

Wir werfen die Begriffe Masse und Gewicht im täglichen Leben einfach durcheinander. Die Vergleichsmassen, die wir bei einer Balkenwaage brauchen, nennen wir *Gewichte.* Solange sich alles auf der Erdoberfläche abspielt und keine große Genauigkeit verlangt wird, können wir das tun. Erst wenn wir zu einem anderen Schwerefeld übergehen, wird die saubere Unterscheidung wichtig.

Was ist Masse?

Was also ist der Unterschied zwischen Gewicht und Masse? Die Masse ist der Widerstand eines Körpers gegen den Versuch, seinen Bewegungszustand zu verändern. Sie macht sich bemerkbar, wenn man versucht, einen ruhenden Körper in Bewegung zu versetzen. Deshalb spricht man auch von der *trägen Masse.* Sie wird zum Beispiel dem Fußballspieler schmerzlich bewusst, dem ein Witzbold beim Elfmeterschießen statt des Balles eine gleich große Kugel aus Blei untergeschoben hat. Seine Überraschung wäre aber dieselbe, wenn er in der schwerefreien Raumstation ins Tor schießen würde, denn die Masse ist da, wenngleich das Gewicht null ist. Auch wenn ein bewegter Körper zur Ruhe gebracht werden soll, macht sich die Masse bemerkbar. Sie ist zum Beispiel für den Schaden verantwortlich, der entsteht, wenn ein am Straßenrand stehender Baum ein rasch fahrendes Auto plötzlich zur Ruhe bringt.

Die Masse wird auch zur Messung von Kräften benutzt. In unserem technischen Maßsystem wird jede Kraft, also auch das Gewicht, in *Kilopond* gemessen, nach dem lateinischen *pondus* für Kraft. Das ist die Kraft, mit der die Erde in 45 Grad geografischer Breite und auf Meeresniveau die Masse von einem Kilogramm nach unten zieht. Ein Körper von einem Kilogramm Masse besitzt also dort das Gewicht von einem Kilopond. Auf dem Mond beträgt sein Gewicht wegen der geringeren Schwerkraft aber nur 1/6 Kilopond.

Anstelle des Kiloponds bevorzugen die Physiker heute als Krafteinheit das *Newton,* benannt nach dem Physiker Isaac Newton (S. 41).

Das Urkilogramm, das seit über einem Jahrhundert in Frankreich gehütet wird.

Ein Newton ist die Kraft, die nötig ist, um einen ruhenden Körper der Masse von einem Kilogramm innerhalb von einer Sekunde auf eine Geschwindigkeit von einem Meter pro Sekunde zu beschleunigen. Angenähert sind 10 Newton gleich einem Kilopond.

Das unbeständige Urkilogramm

Das Gewicht, werde es nun in Kilopond oder in Newton gemessen, wird mit Hilfe der Masse eines Kilogramms definiert. Wie aber ist das Kilogramm festgelegt? Die Antwort: am *Urkilogramm*, aus einer Legierung der Edelmetalle Platin und Iridium gefertigt, das unter einer dreifachen Glasglocke im Stahlschrank im Untergeschoss des Internationalen Büros der Meterkonvention in Sèvres bei Paris aufbewahrt wird. Aber glücklich sind die für das Kilogramm Verantwortlichen damit nicht.

Vor 110 Jahren hatte man für mehrere Staaten Kopien des Urkilogramms angefertigt. Jetzt zeigt sich, dass die Massen der verschiedenen Kopien pro Jahr um etwa ein halbes Millionstel Gramm auseinander laufen. Drei der Vergleichskopien fallen sogar ganz aus dem Rahmen. Die Gründe dafür sind noch unbekannt.

Mit dem Kilogramm haben die Physiker also noch heute Probleme. Bei Längen- und Zeitmaßen sind sie inzwischen auf sicherem Boden. Früher hatte man die Maßeinheit Meter an den Umfang der Erde und die Sekunde an deren Umdrehung angeschlossen. Doch das waren ebenso unsichere Vergleichsgrößen wie das Urkilogramm. Deshalb ersetzen heutzutage die Schwingungen von Cäsium-Atomen in der Atomuhr die Erddrehung als Zeitnorm, und Wellenlängen von Laserstrahlen legen das Längenmaß fest. Nun stehen die Physiker vor der Aufgabe, auch das Kilogramm auf sichere atomare Größen zurückführen, die zeitlich konstant bleiben.

Das Gewichtsproblem bleibt

Als ich mich heute Morgen auf unsere Badezimmerwaage stellte – sie ist eine Federwaage – zeigte sie, dass mich die Erde mit neun Kilopond stärker anzieht als meiner Gesundheit zuträglich ist. Ich habe also auf der Erde ein Übergewicht von neun Kilopond. Mein Problem ist aber nicht mein *Gewicht,* sondern meine *Masse.* Diese ist auf der Erde um neun Kilogramm zu groß, aber auch in der schwerelosen Internationalen Raumstation hätte ich neun Kilogramm Übermasse.

... und dagegen muss ich unbedingt etwas tun.

Die Sache mit Ebbe und Flut

„Der Mond zieht mit seiner Anziehungskraft das Wasser der Ozeane nach oben – angeblich entstehen so Ebbe und Flut. Hat denn kein Astronom bemerkt, dass der Mond täglich nur einmal über uns hinwegzieht, die Flut aber zweimal am Tage kommt?“, fragte mich kürzlich ein Zuhörer nach einem Vortrag.

Die Erde umkreist nicht nur die Sonne

Diese Frage hört man oft und so kann die Erklärung allein mit der Anziehungskraft des Mondes also nicht ganz stimmen. Erde und Mond sind durch ihre Anziehungskraft aneinander gebunden, beide Körper kreisen um ihren gemeinsamen Schwerpunkt. Dieser liegt auf der Verbindungslinie der Mittelpunkte der beiden Körper innerhalb des Erdkörpers, in etwa 1600 Kilometer Tiefe.

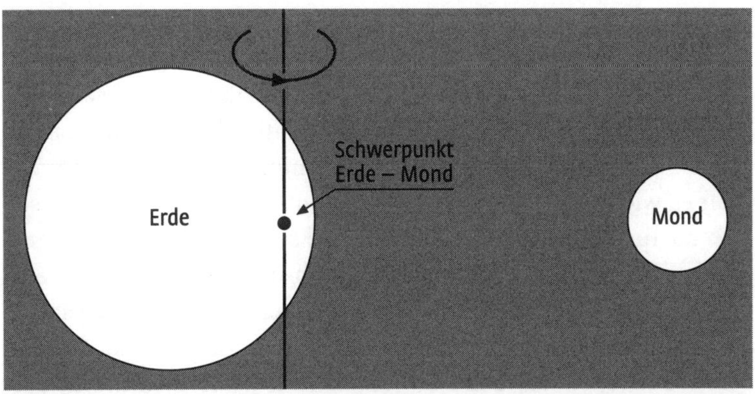

Während der Mond einmal im Monat den Schwerpunkt Erde – Mond umkreist, bewegt sich auch die Erde um den gemeinsamen Schwerpunkt. Deshalb wirkt auf der dem Mond abgewandten Seite der Erde eine schwache Fliehkraft, die vom Mond weg gerichtet ist. Auf der dem Mond zugewandten Seite wirkt die schwache Anziehungskraft des Mondes. Diese beiden Kräfte wirken der viel stärkeren Schwerkraft der Erde entgegen.

Erde und Mond verspüren die gegenseitige Anziehungskraft und beide verspüren die Fliehkraft ihrer Kreisbewegungen. Auf der dem Mond zugewandten Seite der Erde wirkt die Anziehung des Mondes der Schwerkraft der Erde entgegen. Deshalb entsteht ein Flutberg. Auf der dem Mond abgewandten Seite ziehen die Schwerkräfte von Erde und Mond das Wasser nach unten. Da aber die Erde um den gemeinsamen Schwerpunkt kreist, wirkt die Fliehkraft dieser Bewegung und hebt dort die Wassermassen. Es entsteht ein zweiter Flutberg, etwa so hoch wie der erste. Deshalb hat jeder Küstenort täglich zweimal Flut und zweimal Ebbe.

Es ist verblüffend, wie die geringe Anziehungskraft des Mondes das Meer in solch eine Unruhe versetzen kann, obwohl wir im täglichen Leben nichts von ihr merken. Wer sich am Morgen im Badezimmer auf die Waage stellt, bei der das Gewicht mit der Spannung einer Stahlfeder verglichen wird, merkt nicht, dass er geringfügig leichter ist, wenn der Mond über ihm steht.

Die Bremsbacken der Erde

In den Gezeitenströmungen stecken gewaltige Energiemengen. In der Bretagne an der Mündung der Rance, nahe bei St. Malo, treiben die Gezeiten die Turbinen eines Kraftwerks an. Zweimal am Tag füllt die Flut das Becken der Flussmündung, zweimal am Tag läuft es wieder leer. Seit 1967 zwingt eine Staumauer das Wasser, sich an Turbinen vorbeizudrängen und seine Energie an sie abzugeben. Zur Spitzenzeit, zwischen Hoch- und Niedrigwasser, also viermal am Tag, liefert das Kraftwerk 240 Megawatt Leistung, wenig im Vergleich zu einem mittleren Kernkraftwerk, das den Strom außerdem rund um die Uhr liefert. Woher kommt die dort gewonnene Energie? Die Techniker von St. Malo haben die Energie der Erdrotation angezapft. Dass Drehbewegung eine Energieform ist, merkt jeder, der mit der bloßen Hand ein sich drehendes Rad bremsen will und sich dabei die Finger verbrennt.

Auf der dem Mond zugewandten und der von ihm abgewandten Seite der Erde entsteht in den Ozeanen also je ein Gezeitenberg. Für einen Beobachter auf dem Mond dreht sich die Erde täglich einmal unter den beiden Bergen hindurch. Während die Erde sich aber relativ zu den Gezeitenbergen dreht, „reibt“ sie sich an ihnen. Anders ausgedrückt, sie schiebt all ihre Unebenheiten, die Inseln, Landzungen und Buchten an und unter den Gezeitenbergen vorbei. Das Wasser fließt in Buchten, umströmt die Inseln und fließt wieder zurück. Die Energie dieser Bewegung stammt aus der Rotation der Erdkugel. Die beiden Gezeitenberge reiben sich an der unter ihnen wegdrehenden Erdkugel wie zwei Bremsbacken und verlangsamen damit die Erddrehung. Der Tag wird im Jahrhundert um 0,002 Sekunden länger. Das bestätigen auch jahrtausendealte Berichte früherer Sonnenfinsternisse.

Der Mond geht auf Distanz

Doch die Abbremsung der Erde durch die Gezeiten ist nicht die ganze Geschichte. Wegen der Hindernisse, welche die Erde den Gezeitenbergen entgegenstellt, werden die Wassermassen vom Erdkörper etwas mitgezogen. Deshalb liegen die beiden Flutberge nicht genau auf der Verbindungslinie der Mittelpunkte von Erde und Mond. Für den Beobachter auf der Erde verspätet sich der höchste Wasserstand um etwa 2½ Stunden (s. Abb. s. 16).

Die Gezeitenberge sind also gegenüber der Verbindungslinie Erde – Mond verschoben. Da aber ihre Wassermassen selbst eine Schwerkraft ausüben, wirken sie auch auf den Mond. Ohne die Verschiebung der Flutberge zöge die Erde den Mond in Richtung ihres Mittelpunktes, und die Fliehkraft der Umlaufbewegung des Mondes hielte der Erdanziehung das Gleichgewicht. Doch die Flutberge eilen dem Mond voraus. Deshalb erhält er in jedem Augenblick zusätzlichen Schwung. Die Fliehkraft seiner Bewegung wird etwas verstärkt und der Mond entfernt sich langsam von der Erde. Jedes Jahr vergrößert sich sein Abstand von der Erde geringfügig. Das kann man messen.

Als die Astronauten von *Apollo 11* nach ihrer Mondlandung im Juli 1969 wieder vom Mond abhoben, ließen sie Reflektoren in ihrem Landegebiet zurück. Die Spiegel werden noch heute genutzt. Stationen in den USA, Frankreich und Deutschland senden

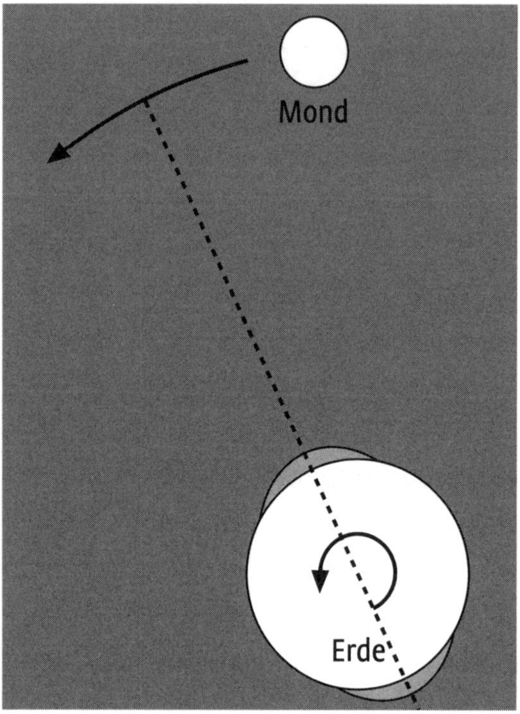

Als Folge der beiden die Schwerkraft mindernden Kräfte entsteht auf der dem Mond zugewandten und der von ihm abgewandten Seite der Erde je ein Gezeitenberg (im Bild grau angedeutet). Da der Umlauf der Erde schneller ist als der des Mondes, zieht die Erddrehung die beiden Gezeitenberge etwas mit. Für einen Beobachter auf der Erde kommt die Flut auf der dem Mond zugewandten Seite daher etwas nach dem höchsten Stand des Mondes.

Laserpulse zum Mond, die von den Reflektoren zur Erde zurückgeworfen werden. In Deutschland sendet die Satellitenstation des Bundesamtes für Kartografie und Geodäsie in Wettzell im Bayerischen Wald Laserpulse zum Mond. Die schwachen Lichtechos, die nach etwa 2,5 Sekunden wieder zurückkommen, zeigen, dass sich unser Trabant jährlich um 3,8 Zentimeter von der Erde entfernt. Es sind die Flutberge, welche die Erddrehung bremsen und dem Mond den Schwung geben, der ihn allmählich auf Bahnen mit größerem Durchmesser hebt.

Auf die Sichtweise kommt es an

Erfahrungsgemäß bereitet diese Art der Darstellung auf den ersten Blick Probleme. Für einen Küstenbewohner kommt die Flut angerauscht, ganz anders als in meiner Beschreibung, in der die Flutberge auf den Mond ausgerichtet sind, und sich die Erde unter ihnen hinwegdreht. Tatsächlich gibt es drei Möglichkeiten, den Vorgang zu beschreiben:

1. Wir betrachten die Bewegungen in einem System, das relativ zu den Fixsternen ruht. In ihm bewegt sich der Mond einmal im Monat um die Erde, und diese dreht sich einmal am Tag um ihre Achse. Da die Gezeitenberge auf den Mond hin ausgerichtet sind, dreht sich die Erde unter den Gezeitenbergen hinweg.
2. Wir betrachten die Bewegungen von einem System aus, das sich mit der Mondbewegung dreht. In ihm bewegt sich der Mond nicht und auch die auf ihn ausgerichteten Gezeitenberge bewegen sich nicht. Die Erde aber, die sich ja schneller dreht als das System des Beobachters, dreht sich unter den Gezeitenbergen hindurch.
3. Wir betrachten die Bewegungen von der rotierenden Erde aus. Jetzt bewegt sich der Mond durch die Erddrehung scheinbar entgegen der Drehrichtung der Erde, kommt aber jeden Tag etwas später, da er sich ja selbst auch um die Erde bewegt. Die Gezeiten kommen täglich zweimal, aber wie der Mond von Tag zu Tag etwas später.

Jede der drei Betrachtungsweisen beschreibt denselben Vorgang. In allen drei Fällen kommen die Gezeitenberge für einen auf der Erde stehenden Beobachter herangerauscht. Es handelt sich jeweils um den gleichen Vorgang, nur von einem anders bewegten System aus beobachtet.

Energie durch Anzapfen der Erdrotation?

Die Energie der Gezeitenströmungen schreit nach Nutzung. Zwischen England und Irland, an den Küsten der Normandie und der Bretagne erreicht die Geschwindigkeit mehrere Knoten. Jetzt geht man daran, Propeller von 15 oder 20 Metern Durchmesser ins Meer zu versenken, um elektrische Energie aus den Gezeitenströmen zu gewinnen. Nicht überall ist der Gezeitenstrom im Meer stark genug. Aber Optimisten schätzen, dass sich damit so viel Energie gewinnen lässt, wie 40 größere Kernkraftwerke produzieren. Der Testbetrieb des ersten Strömungskraftwerks an der Südwestküste von England hat im Juni 2003 begonnen. Ob sich diese Art von erneuerbarer Energie rechnen wird? Noch ist sie teurer als Windkraft, aber vielleicht wird sie billiger. Das wäre schön. Ich hatte mir schon immer gewünscht, dass die Windräder in unseren Landschaften einmal ins Meer versenkt werden.

Früher wurde die Erde schneller langsamer

Im vorigen Abschnitt habe ich gezeigt, wie die Gezeiten die Erddrehung abbremsen und der Tag deshalb im Laufe der Zeit länger wird. Der deutsche Philosoph Immanuel Kant (1724–1804) sagte dies bereits im Jahre 1754 voraus. Aber schon früher war der englische Astronom Edmond Halley (1656–1742) auf eine Unregelmäßigkeit im Ablauf des kosmischen Geschehens gestoßen, von der er allerdings nicht wusste, dass sie mit den Gezeiten auf der Erde zu tun hat. Er entdeckte, dass sich der Mond im Laufe der Zeit immer rascher um die Erde bewegt. Die Erklärung kam schließlich von Robert Julius Mayer (1818–1878), dem Heilbronner Arzt und Universalgelehrten, dem wir den Satz von der Erhaltung der Energie verdanken. Ihm wurde klar, dass die Gezeitenberge die Drehung der Erde bremsen müssen. Der Tag, unser irdisches Zeitmaß, wird also langsam länger. Deshalb erschien es Halley, als ob sich die Bewegung des Mondes um die Erde beschleunigt.

Der Tag eines Sklaven

Die Verlängerung eines Tages um nur 0,002 Sekunden im Jahrhundert ist nicht gerade viel. Der Arbeitstag eines Sklaven beim Bau der Cheopspyramide vor 4½ Jahrtausenden war nur etwa eine Sekunde kürzer als unser Tag heute. Trotzdem lässt sich die Veränderung der Tageslänge an Berichten über Sonnenfinsternisse längst vergangener Zeiten nachweisen. Wenn wir die Bewegung von Erde und Mond mit der heutigen Tageslänge zurückverfolgen, summieren sich die nur um Bruchteile von Sekunden kürzeren Tage in zweitausend Jahren zu einem Zeitunterschied von etwa vier Stunden. Zwar geben die historischen Aufzeichnungen von Finsternissen die Zeiten solcher Ereignisse nur recht ungenau an, doch ob eine Sonnenfinsternis an einem bestimmten Ort total ist oder nur partiell, macht für den Beobachter einen enormen Unter-

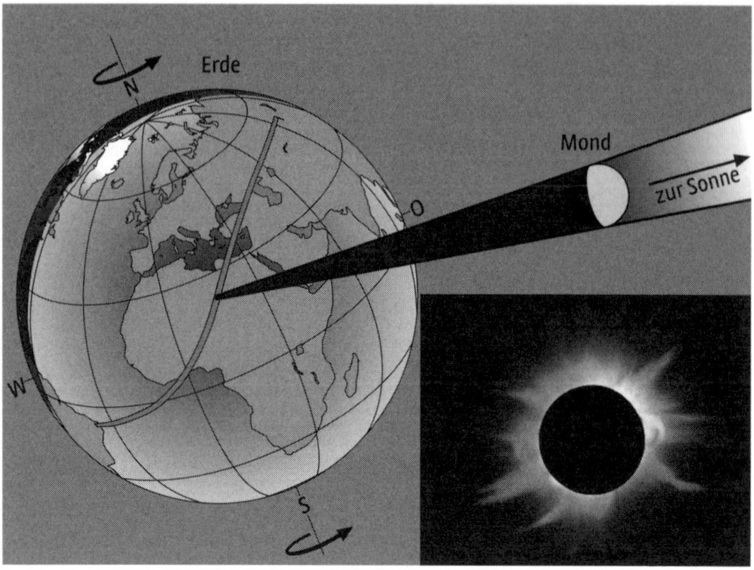

Wenn der Kernschattenkegel des Mondes auf die Erde fällt, erscheint Beobachtern längs eines Streifens die Sonnenscheibe vom Mond völlig verdeckt (Teilbild rechts unten). Die Lage dieses Totalitätsstreifens früherer Finsternisse gibt Aufschlüsse über die Veränderung der Rotationsperiode der Erde.

schied. Schließlich wird es in dem einen Fall wirklich dunkel, während das Sonnenlicht bei einer partiellen Finsternis nur fahler scheint als sonst. Der Streifen auf der Erde, der *Totalitätsstreifen*, von dem aus man eine Sonnenfinsternis als total beobachtet, hängt aber empfindlich von der Erddrehung ab. Da machen sich vier Stunden schon bemerkbar.

Auf die Erddrehung ist kein Verlass

Am 15. April des Jahres 136 v. Chr. zog der Mondschatten über die Stadt Babylon hinweg. So steht es in Keilschrift auf einem der vielen Tontäfelchen von damals. Rechnet man mit der Tageslänge von heute die Bewegungen von Erde und Mond in jene Zeit zurück, findet man, dass der Totalitätsstreifen über die spanische Südostküs-

Für den, der es nicht glauben will

Wenn der Tag im Jahrhundert um 0,002 Sekunden länger wird, dann wird er in zwei Jahrtausenden um 0,04 Sekunden länger. Im Mittel war er also in den letzten 2000 Jahren 0,02 Sekunden kürzer als heute. Während der zwei Jahrtausende sind 2000 × 356,25 Tage vergangen, doch die waren eben um 0,02 Sekunden kürzer. Das summiert sich auf zu 2000 × 356,25 × 0,02 Sekunden = 14610 Sekunden. Das sind etwa vier Stunden.

te und die Balearen gegangen sein müsste. Berücksichtigt man die Abbremsung der Erde durch die Gezeiten, rückt der berechnete Streifen näher an das alte Babylon, geht aber 1500 Kilometer östlich daran vorbei. Die Erddrehung wird nämlich nicht allein durch die Gezeiten beeinflusst.

Ein sich drehender Körper wird schneller oder langsamer, wenn sich Teile seiner Masse der Drehachse nähern oder von ihr entfernen. Ein Beispiel ist die Eisläuferin, die während einer Pirouette ihre anfangs ausgebreiteten Arme anwinkelt und damit ihre Drehung beschleunigt. Auf der Erde bewegen Winde große Luftmassen, Schmelzwasser strömt von den Polen ab, der flüssige Erdkern und der feste Erdmantel rotieren und Magnetfelder versuchen,

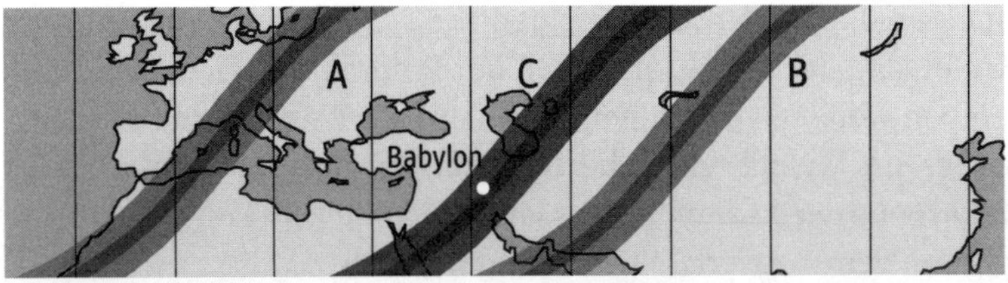

Der Totalitätsstreifen der Babylonischen Sonnenfinsternis von 136 v. Chr., A – nach der heutigen Tageslänge berechnet, B – mit der Abbremsung durch die Gezeiten berechnet, C – unter Berücksichtigung der unregelmäßigen Schwankungen der Tageslänge (nach einer Vorlage des Bundesamtes für Kartografie und Geodäsie).

unterschiedliche Drehbewegungen aneinander anzugleichen. Das verändert die Tageslänge in nicht vorhersagbarer Weise.

Die Auswertung früherer mit dem Fernrohr gewonnener Beobachtungen und vor allem die Berichte über totale Sonnenfinsternisse gestatten es, die Erddrehung bis etwa 800 Jahre vor dem Beginn unserer Zeitrechnung zurückzuverfolgen. Die so ermittelte Geschichte der Erddrehung muss bei der Berechnung früherer Finsternisse berücksichtigt werden. Ein gutes Computerprogramm zur Berechnung von Sonnenfinsternissen muss den „Babylontest“ bestehen. Bei ihm muss der Totalitätsstreifen der Finsternis von 136 v. Chr. über den Ort des alten Babylon, also über das heutige Bagdad, hinweggehen.

Atomzeit und Weltzeit

Heute, wo GPS und vernetzte Stromversorgung höchste Zeitgenauigkeit verlangen, bereitet die unzuverlässige Erddrehung Probleme. Seit 1955 können wir die aus der Erddrehung bestimmte Zeit, die *Weltzeit*, mit der Zeit der Atomuhren vergleichen und die Unregelmäßigkeiten der Erddrehung genau bestimmen. Wegen der Abbremsung der Erde geht die Atomzeit vor, seit 1955 um mehr als eine halbe Minute. In den 1970er-Jahren verlangsamte sich die Erdrotation rascher als heute. Die unregelmäßigen Schwankungen wirken zurzeit der Abbremsung entgegen.

Wie wichtig die genauen Atomuhren für die moderne Technik auch sind, die Menschen richten ihr Leben nach dem Auf- und Untergang der Sonne, also nach der Erddrehung. Doch die Astronomen verlassen sich nicht immer auf die Weltzeit, denn die Vorgänge im Weltall, etwa die Bewegungen der Planeten oder der Rhythmus der Radiopulse aussendenden Pulsare laufen unabhängig von der unzuverlässigen Erddrehung ab.

Um die Erddrehung, also die astronomisch ermittelte Weltzeit, und die Atomzeit miteinander in Einklang zu bringen, hält eine internationale Kommission, der *International Earth Rotation Service*, von Zeit zu Zeit die Weltzeit für eine Sekunde an. Das ergibt die *koordinierte Weltzeit*. Damit sind zwei Dinge erreicht: Zum

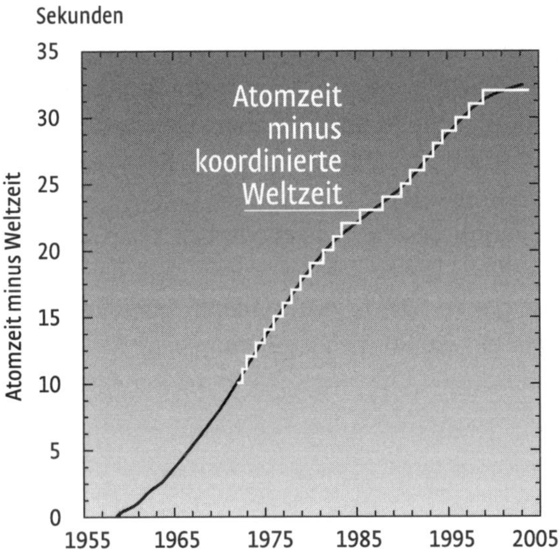

Die schwarze Kurve gibt die Differenz von Atomzeit und Weltzeit während des letzten halben Jahrhunderts wieder. Wegen der Gezeitenreibung bleibt die Weltzeit hinter der Atomzeit um mehr als eine halbe Minute zurück. Dass die Differenzkurve ungleichmäßig verläuft, liegt an den unregelmäßigen Veränderungen der Erddrehung – in den 1970er-Jahren wurde die Erde schneller langsamer. Die weiße Treppenkurve gibt den Unterschied von Atomzeit und koordinierter Weltzeit wieder. Das Einfügen von Schaltsekunden sorgt dafür, dass die Differenz zwischen koordinierter Weltzeit und Weltzeit stets klein bleibt.

einen bleibt die Länge der Sekunde immer die der Atomuhr. Zum anderen driften die astronomische Weltzeit und die koordinierte Weltzeit, die uns die Fernsehuhr vor den Nachrichten anzeigt, nicht auseinander.

Schaltsekunden oder Schaltstunden?

Als ich diese Beiträge am Ende des Jahres 2005 für das vorliegende Buch zusammenstellte, kam die Nachricht, dass die nächste Schaltsekunde in der Silvesternacht 2005/2006 eingeschoben werden sollte. Gleichzeitig waren aber auch Diskussionen im Gange, ob man in Zukunft die astronomische Weltzeit und die koordinierte Weltzeit bis zum Jahr 2600 auseinander driften lassen soll und es Sache künftiger Generationen sein lässt, dann mit einem großen Schritt, vielleicht mit einer Schaltstunde, die beiden Zeiten einander wieder anzupassen.

Mit der koordinierten Weltzeit werden zwar die Tage im Laufe der Jahrtausende immer länger, nicht aber die Arbeitsstunden. Und das ist gut so. Die Gewerkschaften brauchen also nicht mit Trillerpfeifen auf die Straße zu gehen.

Der verlorene und der gewonnene Tag

Reisen bildet – es schafft aber auch Probleme. Der Tag im Juli des Jahres 1522, an dem Sebastian del Cano vor den Kapverdischen Inseln den Anker auswerfen ließ, war ein Donnerstag. Das erfuhren die Matrosen, als sie an Land gingen. Umso verwunderter waren sie, dass nach dem Tagebuch, das die Seeleute während der dreijährigen Reise sorgfältig geführt hatten, der Tag ein Mittwoch sein sollte. Vier spanische Schiffe waren am 10. August 1519 aus dem spanischen Sanlúcar de Barrameda an der Mündung des Guadalquivir gen Westen gesegelt, um den Globus zu umrunden. Der Portugiese Fernao de Magalhaes (Magellan, 1480–1521) hatte das Kommando. Nur eines der vier Schiffe kehrte heim, die „Victoria". Magellan selbst hatte im Pazifik bei einem Kampf mit den Eingeborenen den Tod gefunden.

Das Rätsel vom verlorenen Tag war bald gelöst. Die Erde dreht sich von West nach Ost. Auf ihrer Reise bewegte sich Magellans Expedition von Ost nach West, also entgegen der Erdrotation. Man kann auch sagen, die Expedition drehte sich etwas langsamer um die Erdachse als ein auf der Erde ruhender Punkt. Ihr Tag war also stets etwas länger gewesen als der Tag der Landbewohner. Dies summiert sich bei einer Erdumrundung genau zu einem Tag auf. Wer umgekehrt die Erde in West-Ost-Richtung umrundet, dessen Tage sind etwas kürzer. Wenn dieser Reisende am Donnerstag ankommt, zeigt sein Tagebuch schon Freitag. Er hat also einen Tag mehr erlebt als die Menschen an Land. Jules Verne hat dieses Phänomen in seinem Roman „In 80 Tagen um die Welt" benutzt, um einen englischen Weltreisenden eine Wette gewinnen zu lassen.

Die universelle Weltzeit

Ein an jedem Ort gültiges Datum festzulegen, ist im Prinzip einfach. Man nimmt einen Ort, etwa die Stelle, an der früher die

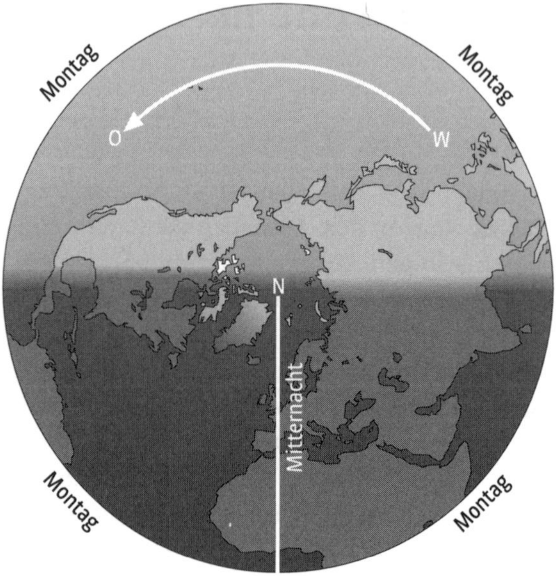

Weltzeit auf der Nordhalbkugel. Der Nordpol ist in der Bildmitte. Die Sonne scheint von oben, der Pfeil gibt die Drehrichtung der Erde an. In Greenwich ist es jetzt Mitternacht. Überall auf der Erde hat der Montag begonnen.

königliche Sternwarte in Greenwich bei London stand, und legt fest, dass die dort durch den Sonnenstand bestimmte Uhrzeit für die ganze Welt gelten soll. Wenn es also in Greenwich 24 Uhr ist, dann soll es überall auf der Welt 24 Uhr sein, zu Lande wie auch auf hoher See, und wenn in Greenwich um Mitternacht der Sonntag in den Montag übergeht, dann soll gleichzeitig auch überall aus dem Sonntag der Montag werden.

Damit wäre alles in Ordnung. Jeder Punkt auf der Erde und jedes Schiff hätte ein eindeutig festgelegtes Datum und eine Uhrzeit. Das ist die *Weltzeit* der Astronomen. Sie hat den Nachteil, dass sie nur in Greenwich mit dem Sonnenstand übereinstimmt. In Tokio wechselt nach ihr das Datum zum Beispiel am Vormittag. Der Zahnarzt, der dort am Montag mit dem Bohren beginnt, hört möglicherweise erst am Dienstag auf, und jeder, der freitags zur Arbeit geht, kommt erst samstags nach Hause.

Die individuelle Ortszeit

Wie kann man nun an jedem Ort der Erde die Uhrzeit dem individuellen Sonnenstand anpassen? Anders als im Fall der Weltzeit setzen wir fest: Überall dort ist es 12 Uhr, wo die Sonne im Süden steht. An jedem Ort der Erde wechselt das Datum zur jeweiligen Mitternachtsstunde. Wo auch immer das Datum von Sonntag auf den Montag wechselt, östlich davon ist Montag, westlich aber noch Sonntag.

Das ist die *Ortszeit* (astronomisch die *wahre Sonnenzeit*), an die unsere jetzige Uhrzeit angelehnt ist. So weit, so gut, aber die Erde ist eine Kugel und auf ihr gibt es zu jedem Punkt, etwa dem Punkt, an dem Greenwich liegt, einen entgegengesetzten Punkt, den Antipodenpunkt. Er liegt sowohl westlich von Greenwich als auch östlich. Welchen Wochentag haben die Antipoden, wenn in Greenwich Mitternacht ist? Sonntag, weil sie westlich von Greenwich liegen? Oder Montag, weil sie östlich liegen?

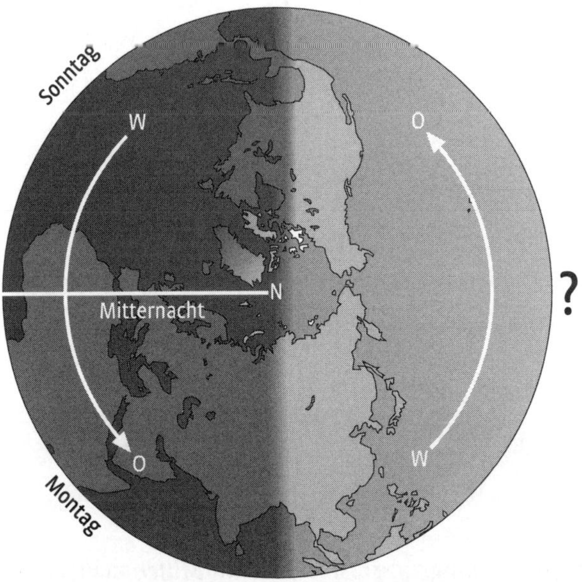

Ortszeit: Ist in Greenwich Mitternacht, so ist es westlich davon Sonntag, östlich davon bereits Montag. Der Wochentag der Antipoden ist unbestimmt.

Der Ort, an dem das Datum springt

Diese Unklarheit wurde 1845 durch einen Gewaltakt international beseitigt: Wenn das Datum auf dem Globus längs des Meridians der Antipoden von Greenwich springt, lässt sich jedem Ort ein bestimmtes Datum zuordnen. Dieser Meridian heißt *Datumsgrenze*. Wer sie von Ost nach West überschreitet, für den erhöht sich unabhängig von der Uhrzeit schlagartig das Datum um einen Tag, aus dem Sonntag wird Montag. Wer diese Linie von West nach Ost überschreitet, der muss in seinem Kalender einen Tag zurückgehen, aus dem Montag wird Sonntag.

Aber nur wer seinen Tagesrhythmus an Auf- und Untergang der Sonne anpasst, muss beim Überqueren der Datumsgrenze das Datum ändern. Der Astronaut hingegen, der in der Umlaufbahn die Erde umkreist, muss nicht alle 90 Minuten ein Kalenderblatt abreißen.

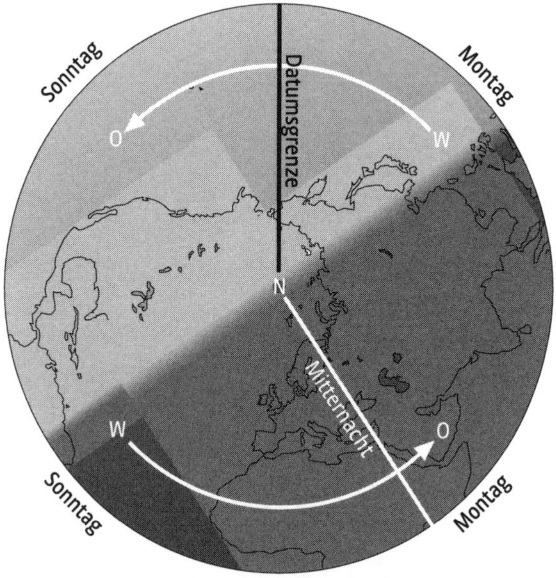

Ortszeit mit Datumsgrenze: Ist in Moskau Mitternacht, dann ist westlich davon, etwa in Mitteleuropa, Sonntag, östlich, in Asien und in Teilen des Pazifik herrscht schon der Montag. An der Datumsgrenze springt das Datum um einen Tag.

Die Datumsgrenze weicht mehrfach vom Meridian der Antipoden von Greenwich ab, um bewohnte Gebiete zu meiden. Sie zwängt sich durch die Beringstraße zwischen Asien und Amerika, lässt die Aleuten im Osten liegen und macht einen Bogen um die Tonga- und die Chatham-Inseln.

Die Datumsgrenze beseitigt die Unklarheit, der wir bei der Ortszeit begegneten. Betrachten wir den Datumswechsel an einem beliebigen Ort, etwa in Moskau um Mitternacht. Haben die Bewohner westlich davon noch Sonntag, so haben sie östlich davon schon Montag. Und welchen Tag haben die Antipoden von Moskau?

Gehen wir in Gedanken von Moskau nach Westen weiter, bleibt es Sonntag, gehen wir aber nach Osten, so haben die Menschen dort Montag. Doch dann kommt die Datumsgrenze, die von West nach Ost überschritten wird, und aus dem Montag wird ein Sonntag, und der bleibt bis zu den Antipoden von Moskau bestehen.

Die Datumsgrenze sorgt für ein einheitliches Datum, und der Tag ist der Sonne angepasst, denn das Datum wechselt für jeden Ort auf der Erde um Mitternacht. Wer heute auf Magellans Spuren die Erde umsegelt, überschreitet die Datumsgrenze im Pazifik von Ost nach West, er muss das Datum um einen Tag erhöhen und kommt zu Hause am richtigen Wochentag an.

Die Zonenzeit

Die Ortszeit, nach der es in München, Wien und Paris zu verschiedenen Zeiten Mittag ist, weil die Sonne an diesen Orten zu verschiedenen Zeiten im Süden steht, brachte Probleme, als die Eisenbahn das Reisen beschleunigte. Man führte daher die *Zonenzeit* mit 24 Zeitzonen ein. So gilt zum Beispiel in Mitteleuropa die mitteleuropäische Zeit (MEZ). Sie ist die Ortszeit des Meridians 15 Grad Ost, aber sie gilt auch in Paris, obwohl dort die Sonne um 12 MEZ noch gar nicht im Süden steht. So können wir quer durch Europa reisen, ohne die Uhr korrigieren zu müssen. Nur wer von einer Zeitzone in die andere wechselt, muss seine Uhr verstellen. Die Datumsgrenze aber bleibt und wird auch durch die Zonenzeit nicht entbehrlich. Und das alles nur, weil die Erde rund ist ...

Babylonische Sprachverwirrung

Wissenschaft ist international, und Wissenschaftler müssen sich untereinander in einer Sprache verständigen, die der jeweilige Partner versteht. Deshalb war bis zum Anfang der Neuzeit die Sprache der Gelehrten Latein. Heute hat sich Englisch als allgemeine Wissenschaftssprache durchgesetzt, auch bei uns. Nicht nur, dass „Astronomy and Astrophysics", die wichtigste astronomische Zeitschrift der Europäer, in englischer Sprache erscheint, auch die Astronomische Gesellschaft, die in erster Linie deutschsprachige Astronomen aus Deutschland, Österreich und der Schweiz vereint, hält ihre wissenschaftlichen Tagungen auf Englisch ab. So können auch die im deutschen Sprachraum arbeitenden ausländischen Wissenschaftler zu den Tagungen beitragen und den Vorträgen folgen. Das ist wohl der richtige Weg in einer Zeit, in der kein Naturwissenschaftler mehr ohne Englischkenntnisse auskommen kann.

Das Gleiche gilt aber nicht für die breite Gemeinschaft unserer wissenschaftlich interessierten Mitbürger, die mit ihren Steuergeldern die Forschung finanzieren und daher ein Anrecht darauf haben, in deutscher Sprache zu erfahren, was mit ihrem Geld geschieht. Darüber hinaus ist Wissenschaft ein Teil der Kultur eines jeden Landes und sollte denen, die darüber etwas wissen wollen, in ihrer Sprache vermittelt werden. Und da geschehen mitunter Dinge, die einem die Haare zu Berge stehen lassen.

Und Gott schuf das Integral

Als nach dem Zweiten Weltkrieg die deutschen Tageszeitungen über die Hiroshima-Bombe berichteten, war an mehreren Stellen zu lesen, dass dort der Bombenstoff „Uranium" gezündet worden war. Auch in neuerer Zeit habe ich gelegentlich vom Element „Uranium" gelesen. Die Schreiber haben wohl in der Schule gefehlt, als das Periodische System der Elemente dran war. Das chemische Element Uran wurde schon im Jahre 1789 von dem

Im August 1945 explodierte über Hiroshima der Bombenstoff Uran. Die Bezeichnung „Uranium“ existiert für dieses Element nur im Englischen.

deutschen Chemiker Martin Heinrich Klaproth im Erz einer Grube in Johanngeorgenstadt im Erzgebirge entdeckt. Im Englischen nennt man es „Uranium“, und als es bei der Atombombe von sich reden machte, schrieben deutsche Journalisten das Wort gedankenlos aus dem Englischen ab, ohne zu wissen, dass es dafür schon seit mehr als 100 Jahren ein deutsches Wort gab.

Auch professionelle Übersetzer schießen manchmal solche Böcke. Die englische Autorin Dorothy Sayers ließ in einem Krimi einen Oxford-Wissenschaftler einen Ausspruch des deutschen Mathematikers Leopold Kronecker aus dem 19. Jahrhundert zitieren: „Die ganzen Zahlen hat der liebe Gott gemacht, alles andere ist Menschenwerk.“ Der Übersetzer machte aus dem englischen Wort „integer“ (ganze Zahl) das deutsche Wort „Integral“, und so hat Gott bei ihm die Integrale gemacht.

Aber auch die Wissenschaftler sind nicht besser. Sie haben mit Übersetzungen ähnliche Schwierigkeiten. Im Jahre 1860 hatte der Göttinger Mathematiker Bernhard Georg Riemann (1826–1866) die Ausbreitung von Verdichtungswellen in Gasen untersucht. Dabei entdeckte er, dass sie sich ganz von selbst verstärken, bis aus ihnen durch den Raum wandernde Dichtesprünge werden. Sie erzeugen den Knall, den wir hören, wenn über uns ein Flugzeug die Schallgrenze überschreitet. Es sind die *Stoßwellen*, die sich zu *Stoßfronten* ausbilden. Sie spielen in der Astrophysik, etwa bei Sternexplosionen, eine wichtige Rolle. Im Englischen erhielten sie die Namen „shock waves“ oder „shock fronts“. „Shock“ kann im Englischen auch „Stoß“ bedeuten. So kamen sie als „Schockwellen“ und „Schockfronten“ in die deutsche Sprache zurück. Das deutsche Wort „Schock“ bedeutet aber entweder eine Maßeinheit (ein Schock Eier sind 60 Stück) oder eine Störung des Nervensystems. Dass es auch hier seit mehr als 100 Jahren dafür das Wort „Stoßwelle“ gibt, wird oft vergessen.

Ein weiteres Beispiel, bei dem sich die Astronomen mit der deutschen Übersetzung schwer tun: Die Entwicklung von Sternen, deren Masse mehr als acht Sonnenmassen beträgt, verläuft anders als die von Sternen geringerer Masse. Deshalb muss der Astronom manchmal massereiche von massearmen Sternen unterscheiden. Im Englischen heißen die Ersteren „massive stars“. Auch das kam ins Deutsche zurück, und so mancher Astronom spricht bei seinen populären Vorträgen von „massiven Sternen“. Im Deutschen ist

Der Krebsnebel im Sternbild Stier entstand nicht, weil Schockwellen einen massiven Stern zerrissen haben, sondern weil Stoßwellen einen massereichen Stern platzen ließen.

das Wort „massiv“ aber längst anders besetzt: Eine „massive“ Messingkugel ist nicht hohl. In diesem Sinn sind alle Sterne „massiv“, denn sie besitzen keine Hohlräume.

Mich stört der Gebrauch von Wörtern anderer Sprachen im Deutschen nicht. Im Gegenteil, oft bezeichnet ein fremdes Wort einen Sachverhalt besser als ein deutsches. Die Übertragung darf nur nicht Verwirrung stiften.

Kann man Wellness downloaden?

Wir benutzen im Deutschen aber sogar englische Wörter, die es im Englischen gar nicht gibt. Versuchen Sie einmal „wellness“ in einem englischen Wörterbuch zu finden!

Die Übernahme von Wörtern aus anderen Sprachen geht auch in umgekehrter Richtung. In der Mathematik gibt es den Begriff „Eigenwert“, der vor allem mit der Entwicklung der Quantenmechanik in der Physik große Bedeutung erlangte. Im Englischen heißt er „eigenvalue“. Ein mathematischer Ansatz heißt auch im Englischen „ansatz“. Und der Begriff „Gedankenexperiment“ hat ins Englische genauso Eingang gefunden wie die „Festschrift“.

Sprachliche Verwirrungen können aber auch ohne Umweg über eine andere Sprache entstehen. Immer wieder finde ich in der populären Astronomieliteratur Formulierungen, wonach ein bestimmter Stern „schwer“, ein anderer „leicht“ ist. Gewicht ist keine Eigenschaft eines Himmelskörpers, da es nicht nur von ihm, sondern auch vom Schwerefeld abhängt, in dem er sich befindet (s. auch Artikel S. 8). Mit „leicht“ und „schwer“ meint man meist die Masse des Körpers, und die gehört zu seinen Eigenschaften, die unabhängig davon sind, welche Schwerkraft an ihm zieht.

Ich habe nichts gegen Fremdwörter, die irgendwann einmal in unsere Sprache gekommen sind, auch nicht, wenn es dafür brauchbare deutsche Wörter gibt. Ich habe mich inzwischen mit den Vokabeln der Computernutzer angefreundet und akzeptiere sogar das Wort „downloaden“. Wenn es aber ein neues deutsches Verb sein soll, dann muss es sich auch konjugieren lassen: „Ich werde downloaden“ und „ich bin downgeloaden worden.“

Die Frau, der keiner glaubte

Ist es nicht ein Wunder, dass die Astronomen aus dem Licht eines Milliarden von Lichtjahren entfernten Sterns erkennen können, aus welchen chemischen Elementen die leuchtenden Gase dort bestehen? Dabei haben sie kein einziges Milligramm jener fernen Stoffe im Reagenzglas.

Es ist fast ein Wunder. Das Sternlicht verrät ihnen jedoch lediglich die chemische Zusammensetzung der äußersten Schichten, die nur ein Milliardstel der Gesamtmasse des Sterns ausmachen. Daraus folgt aber noch lange nichts über die chemischen Stoffe im Inneren der Sterne. Wer die chemische Zusammensetzung der Atmosphäre als typisch für einen ganzen Stern ansieht, muss auch glauben, dass ein Schornsteinfeger durch und durch aus Kohle besteht, obwohl nur seine Oberfläche eine dünne Schicht aus Kohlenstoff trägt.

„Aber Sterne sind keine Schornsteinfeger!“, sagen die Astrophysiker. „Wir wissen von unseren Computermodellen, dass die äußeren Schichten der kühleren Sterne, vor allem der Roten Riesensterne, durch auf- und absteigende Gasballen ständig durchmischt werden. Die Materie ist dort in konvektiver Bewegung wie eine kochende Suppe auf dem Herd. Die Stoffe, die wir an den Oberflächen dieser Sterne sehen, beherrschen daher mindestens die äußeren 50 Prozent der gesamten Sternmaterie, auch die äußeren Schichten der Sonne werden ständig durch solche Konvektion durchmischt.“

„Vorsicht, was ihr da in euren Computern rechnet, mag ja ganz schön sein“, kontern die Zweifler, „ein direkter Beweis wäre aber besser. Auch bei der Sonne wissen wir ja nur aus euren Computerrechnungen, wie tief diese Durchmischung geht.“

Das verräterische Technetium

Den Beweis können die Astrophysiker mit dem chemischen Element Technetium führen, dessen Atomkern 43 Protonen enthält und das deshalb die Ordnungszahl 43 hat. Dazu kommen noch 56 Neutronen, so dass der Atomkern aus insgesamt 99 Bausteinen besteht. Er hat damit die Massenzahl 99. Technetium wird im tiefen Inneren der Sterne gebildet, wo durch Kernprozesse Neutronen entstehen, die sich dann an andere Atomkerne anlagern. Das Technetium ist radioaktiv und lebt im Durchschnitt nur 100 000 Jahre. Das ist kurz im Vergleich zur Lebensdauer der Sterne, die meist in Milliarden von Jahren gemessen wird.

In den Atmosphären Roter Riesensterne hat man aber Technetium entdeckt. Da es erst kürzlich im Inneren der Sterne entstanden sein kann, muss es durch die von den Computermodellen vorhergesagten wallenden Bewegungen mit anderer Sternmaterie vermischt und zur Oberfläche gebracht worden sein. So verrät uns das Technetium etwas über die Vorgänge in den Eingeweiden der Sterne, in die unser Blick nicht dringen kann. Dass das Technetium aber ursprünglich „Masurium" heißen sollte und dass die Fachkollegen seine Entdecker nicht ernst genommen haben, ist nur wenigen bekannt.

Eine nicht beachtete Entdeckung

In der Mitte des 19. Jahrhunderts fanden der Russe Dmitri Iwanowitsch Mendelejew und der Deutsche Julius Lothar Meyer heraus, dass die chemischen Elemente einer gewissen Ordnung unterliegen. Die beiden Chemiker stellten das Periodische System der Elemente auf. Doch in dieser Ordnung waren noch Lücken, chemische Elemente, die in das Schema gehörten, die bis dahin aber noch niemand kannte. Sie wurden später alle gefunden, zum Beispiel das Gallium und das Germanium. Aber die Suche war mühsam, und am Anfang der 1920er-Jahre klafften zum Beispiel bei den Nummern 43 und 75 noch Lücken. Doch am 26. Juni 1925 erschien in der Zeitschrift „Naturwissenschaften" der Beitrag der Chemiker Ida Tacke (1896–1978) und Walter Noddack (1893–1960), in denen sie die Entdeckung dieser beiden Elemente bekannt gaben.

Im darauf folgenden Jahr heiratete Walter Noddack seine Mitarbeiterin Ida Tacke. Sie nannten das eine der neuen Elemente *Rhe-*

Ida Noddack, geborene Tacke (1896–1978)

nium, in Anlehnung an den Rhein. Für das andere stand die zum damaligen Ostpreußen gehörende Landschaft der Masuren Pate. Ihm gaben sie den Namen *Masurium*. Die Entdeckung des Rheniums bestätigten kurz darauf auch andere Forscher. Es ist ein hartes, weiß glänzendes Metall, das sich bald in größeren Mengen aus Mineralien gewinnen ließ. Es wird heute in Verbindung mit Wolfram für Glühdrähte, Thermoelemente und als Katalysator in der Petrochemie verwendet. Die Entdeckung des Masuriums aber wurde von der wissenschaftlichen Welt nicht ernst genommen. Warum?

Warum das Masurium Technetium heißt

Das lässt sich heute kaum rekonstruieren. Unter anderem warf man den beiden vor, sie hätten die Spektren, aus denen die Existenz des Masuriums ablesbar sei, niemals veröffentlicht. Das ist aber falsch. Heute wissen wir, dass die Noddacks das Element 43 wirklich nachgewiesen haben, und wir wissen, warum andere Forscher diese Entdeckung nicht bestätigen konnten. Es kommt nur in uranhaltigen Mineralproben vor, wie sie die Noddacks benutzt hatten. Das Masurium barg nämlich noch ein Geheimnis, das erst sehr viel später gelüftet wurde. Uran kann sich spontan spalten, anders als im Reaktor und in der Bombe, wo es von Neutronen gespalten wird. Eines der Spaltprodukte ist das Element Nr. 43, das Masurium der Noddacks. Wäre man damals dem Masurium nachgegangen, wäre die Kernspaltung vielleicht schon ein Jahrzehnt früher entdeckt worden und die Weltgeschichte wäre vielleicht anders verlaufen. Das Element Nr. 43 wurde dann 1937 von dem italienischen Physiker Emilio Segrè noch einmal gefunden, als er Molybdän mit Deuteronen und Neutronen bestrahlte. Er gab ihm den Namen *Technetium*, und so heißt es noch heute.

Bei der möglichen Entdeckung der Kernspaltung wurde Ida Noddack ein zweites Mal vom Pech verfolgt. Um 1935 bestrahlten der italienische Physiker Enrico Fermi und seine Mitarbeiter verschiedene chemische Elemente mit Neutronen. Diese drangen in die Atomkerne ein und machten sie radioaktiv. Beim Zerfall entstanden andere Elemente. Fermi beschoss auch Uran mit Neutronen, das damals schwerste bekannte Element, dessen Kern 92 Protonen enthält. Er vermutete, dass unter den dabei entstehenden Elementen auch der 93 Protonen enthaltende Kern eines neuen Elements zu finden sei. Das erste Element schwerer als Uran, ein *Transuran*, war gefunden. Dafür erhielt Fermi im Jahre 1938 den Nobelpreis. Doch schon kurz nach dem Bekanntwerden der Fermischen Ergebnisse trat Ida Noddack auf den Plan und warf ein, es wäre auch möglich, dass sich der Urankern beim Beschießen gespalten habe, und kein Transuran, sondern Spaltprodukte entstanden sein könnten. Aber niemand beachtete ihre Arbeit.

Im Jahre 1938 gaben dann Otto Hahn und Fritz Straßmann ihre Entdeckung der durch Neutronenbeschuss hervorgerufenen Uranspaltung bekannt. Ida Noddack monierte, dass die beiden ihre frühere Arbeit nicht erwähnt hätten, schließlich habe sie das ja vorausgesagt. Die Entdecker der Uranspaltung reagierten recht aggressiv. Selbst Lise Meitner, Hahns langjährige Mitarbeiterin, die aus Rassegründen Deutschland verlassen musste, schrieb im März 1939 aus dem schwedischen Exil einen bösen Brief und nannte „Frau Ida“ eine „unangenehme Urschl“.

Ich bin den Noddacks nach dem Zweiten Weltkrieg in Bamberg begegnet, dort unterrichtete Walter Noddack an der Hochschule. Auf meine Frage, warum sie und ihr Mann sich nicht stärker gegen die Vorwürfe um die Entdeckung des Masuriums gewehrt hätten,

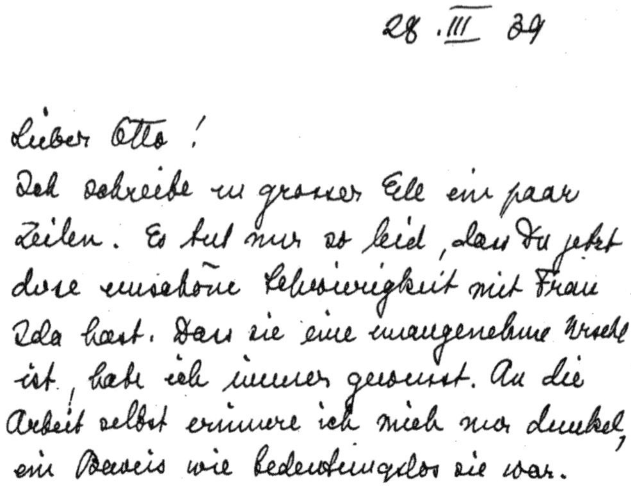

28. III 39

Lieber Otto!
Ich schreibe in grosser Eile ein paar Zeilen. Es tut mir so leid, dass Du jetzt diese unschöne Schwierigkeit mit Frau Ida hast. Dass sie eine unangenehme Urschl ist, habe ich immer gewusst. An die Arbeit selbst erinnere ich mich nur dunkel, ein Beweis wie bedeutungslos sie war.

Ausschnitt aus Lise Meitners Brief vom 28. März 1939 aus dem schwedischen Exil an Otto Hahn.

antwortete Frau Noddack, damals wären sie so mit dem Rhenium beschäftigt gewesen, dass sie sich um das Masurium gar nicht hätten kümmern können. Ida Noddack starb im Alter von 82 Jahren, etwa 20 Jahre nach ihrem Mann.

... und eine unangenehme Urschl war sie nicht.

Die andere Revolution

Meine Schulzeit war durch den Zweiten Weltkrieg bestimmt und der Abschluss durch das Kriegsende. Alle Jungen unserer Klasse waren damals beim Militär, die Mädchen im Arbeitsdienst. Nur ich, als schwer behinderter Schüler, drückte weiter die Schulbank.

Meist hatte man mich in eine niedrigere Klasse gesteckt, in der die Schüler noch nicht einberufen worden waren. Im März 1945 hätte mein Jahrgang die Abschlussprüfung machen sollen und die Lehrer beschlossen, für mich allein eine reguläre Abiturprüfung abzuhalten. Probleme gab es nur mit dem deutschen Aufsatz. Ich sollte Hitlers Ausspruch „Jede Revolution will einen neuen Menschen" kommentieren. Gemeint war natürlich die Revolution der Nazis in den 1930er-Jahren. Darüber also sollte ich in einer Zeit schreiben, in der halb Deutschland schon besetzt war.

Hitlers Revolutionäre – so weit sie noch lebten – überlegten damals bereits, wie sie nach Kriegsende den alliierten Besatzern erklären könnten, dass sie nicht „dafür", sondern eigentlich „dagegen" waren. Ich fand einen Ausweg und schrieb über die Kopernikanische Revolution. Sie lag genügend weit vom Tagesgeschehen entfernt. Vom Thema her lag ich zwar daneben, doch die Lehrerin akzeptierte den Aufsatz.

Ein Angriff auf die göttliche Ordnung

Damals hielt ich die Wende, die Kopernikus im Denken der Menschen herbeigeführt hatte, für die größte Erkenntnis der frühen Neuzeit. Die Entdeckung, dass sich Erde und Planeten um die Sonne bewegen, lässt sich auf das Jahr 1543 und auf die Person eines einzigen Gelehrten festlegen: Nikolaus Kopernikus (1473–1543). Heute halte ich eine andere Entdeckung für noch wichtiger. Auf sie kam nicht ein einzelner Mensch, und bis man ihre volle Bedeutung erkannt hatte, waren Jahrhunderte vergangen. Trotzdem lässt sie sich in einem kurzen Satz formulieren: Die Gesetze der Physik, die das Geschehen auf der Erde bestimmen, gelten im gesamten Weltall. Dieser Satz erscheint uns heute selbstverständlich. Aber darauf muss man erst einmal kommen!

Kopernikus hatte zwar die Bewegungen im Sonnensystem richtig erkannt, die Planeten kreisen bei ihm um die Sonne, der Mond um die Erde. Doch auch für ihn bewegten sich, wie für die griechischen Gelehrten Plato und Aristoteles, die Himmelskörper auf Kreisbahnen. Da reine Kreisbewegungen aber nicht mit der Beobachtung übereinstimmen, ließ man die Mittelpunkte der Kreise sich wiederum auf anderen Kreisen bewegen. Dahinter steckte das Bild von sich drehenden Kristallkugelschalen, auf denen die Himmelskörper und die Mittelpunkte ihrer Kreisbahnen festklebten.

Die Bahnen der Himmelskörper waren also aus sich überlagernden Kreisen zusammengesetzt. Die Kristallkugeln mussten sich dabei gegenseitig durchdringen – schwer vorstellbar für Menschen, die dabei an wirkliche Kugelschalen dachten. Aber der Himmel wurde im damaligen Denken von anderen Gesetzen beherrscht als das Geschehen auf der Erde. Da oben herrschten eben göttliche Regeln und es stand dem Menschen nicht an, diese in Frage zu stellen.

Himmlische Gesetze – ganz irdisch

Gelegentlich versuchten einzelne Gelehrte, die Vorgänge am Himmel zu erklären, das heißt, auf Gesetze zurückzuführen, die von der Erde her bekannt waren. Für den griechischen Gelehrten Anaximander (um 600 v. Chr.) waren die Gestirne mit Feuer gefüllte Schläuche, aus deren Löchern der Feuerschein austrat. Manchmal verstopfen sich die Öffnungen, so entstehen die Finsternisse. Man mag heute über diese Theorie der himmlischen Verstopfungen lächeln, doch es war ein früher Versuch, die Erscheinungen im Weltraum mit Vorgängen zu erklären, die wir von der Erde her kennen. Die Astrophysiker tun heute nichts anderes.

Nach Kopernikus versuchten Galileo Galilei (1564–1642) in Italien und Johannes Kepler (1571–1630) in Deutschland, irdische Vorgänge zur Erklärung von Himmelserscheinungen zu Hilfe zu

Isaac Newton (1643–1727)

nehmen. Dass sich die Erde um die Sonne bewegt und nicht die Sonne um die Erde, begründete Galilei unter anderem damit, dass der Körper mit der kleineren Masse sich um den mit der größeren bewegen muss und nicht umgekehrt. Vielleicht schwebte ihm ein Tanzpaar vor, bei dem eine gewichtige Tänzerin ihren schmächtigen Partner herumwirbelt. Kepler suchte nach einem Grund, warum die Planeten bei ihrer Bewegung um die Sonne nicht ermüden, und zog gleichfalls irdische Vorgänge zu Hilfe.

Seine Überlegungen wurden schließlich durch Isaac Newton vollendet. Er erkannte, dass jeder Körper eine eigene Schwerkraft

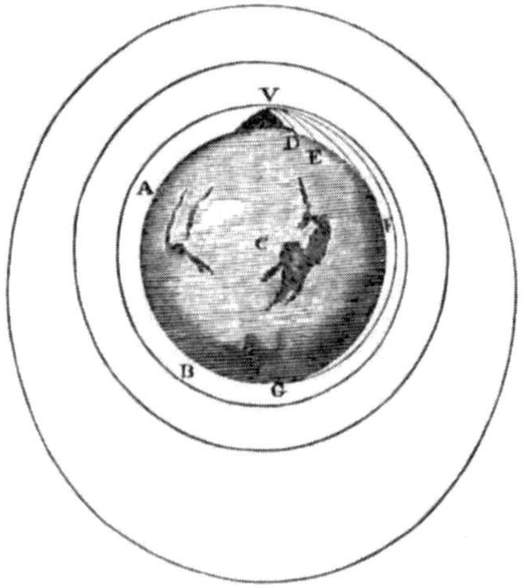

Oben auf der Erdkugel (bei V) steht eine Kanone auf einem Berg. Bei kleinen Austrittsgeschwindigkeiten fallen die Geschosse am Ende ihres Fluges auf den Boden. Je größer die Geschwindigkeit, umso weiter reicht der Schuss, bis schließlich der Antipodenpunkt G erreicht wird. Bei noch größerer Geschwindigkeit gerät der Kanonier in die Gefahr, von seinem eigenen Geschoss in den Rücken getroffen zu werden. Schließlich umkreist das Geschoss als Satellit die Erde.

besitzt, die im Falle einer Kugel auf ihren Mittelpunkt weist. Diese Kraft zwingt den Mond in eine Bahn um die Erde und die Planeten in Bahnen um die Sonne. Das legte nahe, dass die Kraft, die auf der Erde Gegenstände nach unten fallen und die Kraft, die den Mond um die Erde kreisen lässt, ein und dieselbe sind.

Das wird am Beispiel der Kanone auf einem Berg deutlich, die ihre Kugeln mit immer größerer Geschwindigkeit abschießt, bis sie zu Satelliten der Erde werden. Nachdem der Franzose Jean Picard (1620–1682) den Durchmesser der Erde genauer bestimmt hatte, konnte Newton zeigen, dass die Schwerkraft der Erde auch den Mond an sie bindet. Die Schwerkraft der Sonne bestimmt die Bewegung der Planeten und die des Jupiter die Bewegung seiner Monde. Das Gesetz der Schwerkraft gilt nicht nur auf der Erde, sondern auch am Himmel! Schließlich gelang es Newton, die von Kepler gefundenen Gesetze der Planetenbewegung aus dem von ihm gefundenen Gesetz der Schwerkraft und den Gesetzen seiner neuen Mechanik herzuleiten.

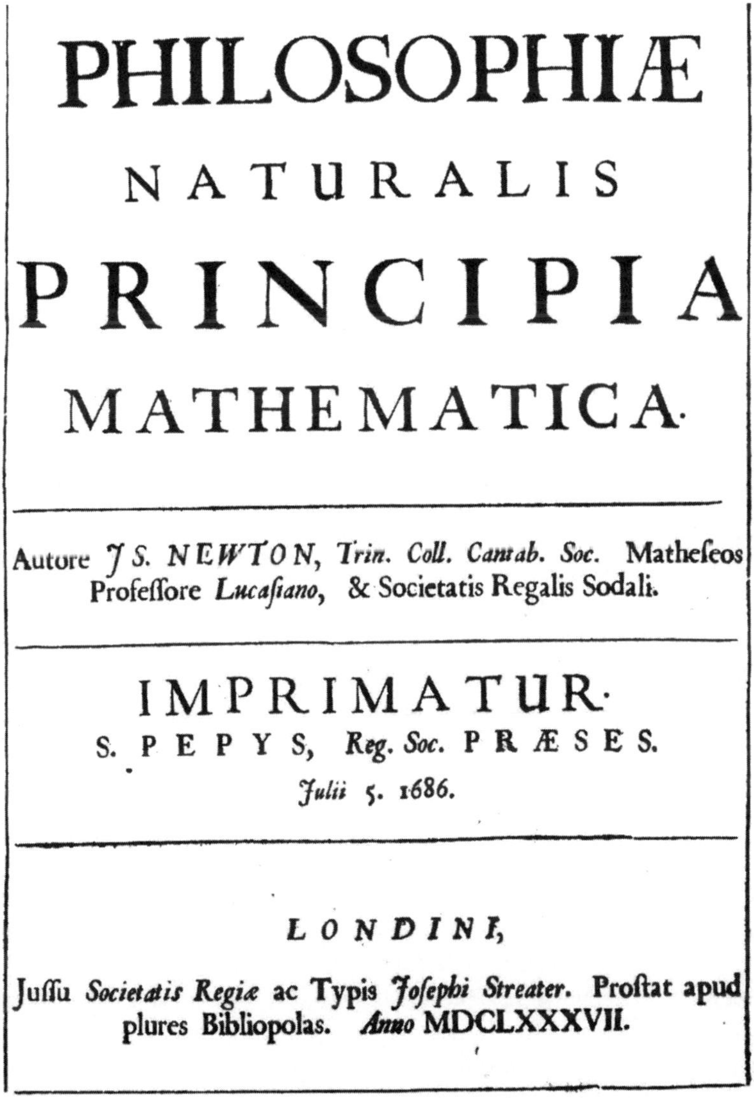

PHILOSOPHIÆ
NATURALIS
PRINCIPIA
MATHEMATICA.

Autore *JS. NEWTON, Trin. Coll. Cantab. Soc.* Matheseos Professore *Lucasiano*, & Societatis Regalis Sodali.

IMPRIMATUR.
S. PEPYS, *Reg. Soc.* PRÆSES.
Julii 5. 1686.

LONDINI,

Jussu *Societatis Regiæ* ac Typis *Josephi Streater*. Prostat apud plures Bibliopolas. *Anno* MDCLXXXVII.

Das Titelblatt des Werkes „Philosophiae Naturalis Principia Mathematica“, mit dem Newton seine neue Mechanik begründete.

Die universelle Physik

Diese Revolution halte ich heute für noch wichtiger als die des Kopernikus. Aber nicht nur die Gesetze der Mechanik sind im wahrsten Sinne des Wortes universell, die gesamte Physik scheint es zu sein. Das zeigte im 19. Jahrhundert die Entdeckung der Spektroskopie, die uns verrät, dass die Atome selbst in den größten Entfernungen des Raumes den gleichen Gesetzen gehorchen wie im Laboratorium auf der Erde. Wir wissen heute, dass die Gesetze der Elektrodynamik auch auf der Sonne gelten, und die der Relativitätstheorie in den Tiefen des Weltalls.

Natürlich zeigt der Weltraum auch Dinge, die wir von der Erde her nicht kennen, etwa Gravitationslinsen, Schwarze Löcher und Neutronensterne. Doch ihre Existenz wurde durch konsequentes Durchdenken der auf der Erde gültigen Physik vorhergesagt, lange ehe man diese Objekte im Raum entdeckte.

Wer den Text der im Jahre 1686 erschienenen „Philosophiae Naturalis Principia Mathematica" liest, merkt an der Sprache, wie der Autor Isaac Newton getrieben war, bekannt zu geben, dass irdische Schwerkraft und kosmische Gravitation ein und dasselbe sind. Vielleicht findet heute der eine oder andere, dass die Erkenntnisse der damaligen Zeit noch einen anderen Schluss zugelassen hätten. Wie auch immer, Newton hat davon keinen Gebrauch gemacht – und er hat recht getan.

Warum fährt die Sonne Achterbahn?

Kürzlich wurde ich gefragt, ob ich nicht etwas über Analemma-Fotos schreiben könnte, die man ab und zu in Zeitschriften bewundern kann. Diese Mehrfachbilder, bei denen sich viele Sonnenbilder wie Perlen einer Kette aneinander reihen und dabei an die Form einer Acht erinnern, hatte ich schon öfter gesehen und ich wusste auch ungefähr, wie sie zu Stande kommen. Aber was bedeutet eigentlich das Wort Analemma?

Das fragte ich mehrere Astronomie-Kollegen, aber keiner konnte mir helfen. Erst bei Hans-Ulrich Keller, dem Direktor des Stuttgarter Planetariums, wurde ich fündig. Wörtlich bedeutet Analemma „Ausgleich". Ich erfuhr, dass der Begriff in Bezug auf die Sonne erstmals vom griechischen Mathematiker und Astronomen Eudoxos von Knidos (um 408–355 v. Chr.) verwendet worden war, einem Schüler Platons. Eudoxos hatte die tägliche Bewegung der Sonne über Jahre hinweg verfolgt und der sich jährlich wiederholenden Unregelmäßigkeit, die er darin fand, diesen Namen gegeben.

Der unregelmäßige Sonnenlauf

Warum nun beschreibt die Sonne eine Acht am Himmel? Dazu bedarf es einer kleinen Einführung. Jeden Tag sehen wir die Sonne über den Himmel ziehen, weil die Erde rotiert. Diese bewegt sich von West nach Ost, und deshalb scheinen alle Gestirne von Ost nach West über den Himmel zu ziehen. Die Erde dreht sich um ihre Achse, entsprechend haben wir den Eindruck, die Himmelskugel drehe sich um die verlängerte Erdachse, während Nord- und Südpol der Himmelskugel ruhen.

Der Himmelsäquator verläuft entlang einer Linie, deren Punkte gleich weit von beiden Polen entfernt sind. Die Bahn der Erde um die Sonne liegt in einer Ebene, die durch die Sonne geht. Wir, die wir uns mit Sonne und Erde in dieser Ebene befinden, sehen diese Bahnebene von der Seite, sie zieht sich als Linie über den ganzen Himmel, man bezeichnet sie als *Ekliptik* (den Tierkreis). Im Laufe eines Jahres bewegt sich die Sonne einmal durch die Ekliptik.

Stünde die Erdachse senkrecht auf ihrer Bahnebene und wäre ihre Bahn ein Kreis, dann würden Ekliptik und Himmelsäquator zusammenfallen. Die Sonne am Himmel würde mit gleich bleibender Geschwindigkeit längs des Äquators wandern. Sonnenuhren wären dann ideale Uhren; wenn die Sonne im Süden steht, würden sie 12 Uhr anzeigen. Diese Zeit nennen die Astronomen die *mittlere Sonnenzeit*. Nach ihr richten wir unsere Uhren.

Doch die Achse der Erde steht nicht senkrecht auf ihrer Bahnebene. Deshalb bewegt sich die Sonne im Laufe eines Jahres nicht längs des Himmelsäquators, sondern entlang der Ekliptik. Ein hal-

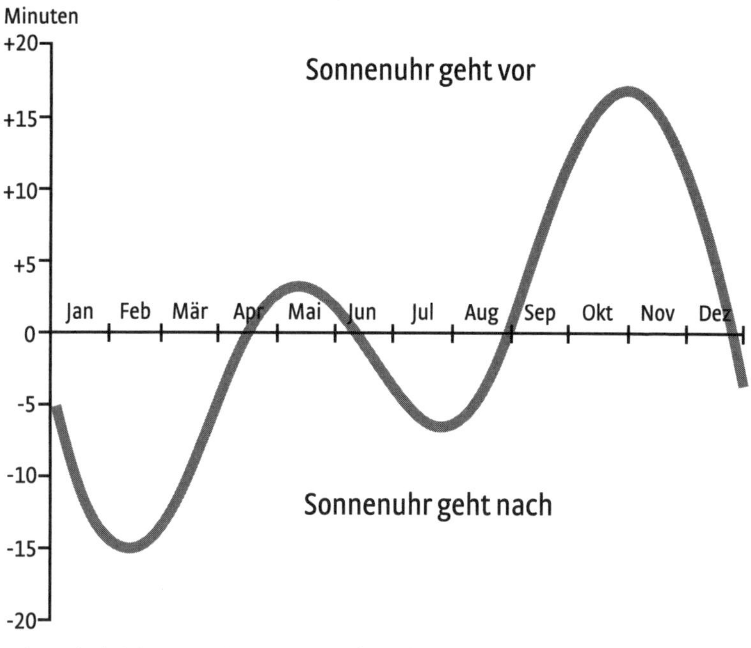

Die Zeitgleichung: Eine Sonnenuhr geht gegenüber der mittleren Sonnenzeit, der unsere Uhren im Wesentlichen folgen, zweimal im Jahr vor und zweimal nach. Die Abweichung kann bis zu rund 15 Minuten betragen.

bes Jahr steht sie nördlich des Äquators und wir haben Sommer, dann steht sie wieder südlich und wir haben Winter. Zudem ist die Erdbahn kein Kreis, sondern eine Ellipse. Deshalb bewegt sich die Sonne auch nicht gleichmäßig entlang der Ekliptik, sondern im Winter schneller und im Sommer langsamer.

Als Folge dieser beiden Komplikationen gehen die realen Sonnenuhren, die die *wahre Sonnenzeit* zeigen, gegenüber der mittleren Sonnenzeit manchmal vor und manchmal nach. Die Differenz zwischen mittlerer und wahrer Sonnenzeit nennen die Astronomen die *Zeitgleichung*. Trägt man in einem Diagramm den Abstand der Sonne vom Himmelsäquator nach oben und die Zeitgleichung waagerecht auf, erhält man das *Analemma*, welches die Form einer Acht hat. Man kann es berechnen und zeichnen, man kann es aber auch fotografieren: Mit einer feststehenden Kamera muss man dazu ein ganzes Jahr lang in regelmäßigen Abständen zur gleichen Uhrzeit die Sonne in einer Mehrfachbelichtung aufnehmen. Dann sind die einzelnen Sonnenscheiben längs eines Analemmas angeordnet.

Der Herr der Analemmata

Das klingt einfach, ist es aber nicht. An die 40 Bilder müssen im Laufe eines Jahres auf gleiche Weise – und mit einer Filmkamera sogar auf das gleiche Bild – aufgenommen werden. Bei jeder Belichtung muss die Kamera die gleiche Ausrichtung haben. Natürlich spielt das Wetter nicht immer mit. Deshalb ist es schwierig, über ein Jahr hindurch die Einzelbelichtungen in regelmäßigen Abständen zu machen. Nur wenigen Beobachtern gelingt es, ein vollständiges Analemma aufzunehmen.

Champion darin ist der griechische Amateurastronom Anthony Ayiomamitis, Jahrgang 1957. Er war ein erfolgreicher EDV-Berater, der es sich leisten konnte, mit 41 Jahren in den Ruhestand zu gehen, um seinen Jugendtraum zu verwirklichen, nämlich sich ganz der Astronomie zu widmen. Vor ihm war es nur sieben Beobachtern gelungen, ein vollständiges Analemma durch Mehrfachbelichtung aufzunehmen.

Ayiomamitis hatte im Freien eine feste Halterung aufgebaut. Wurde sie nicht gebraucht, überdeckte er sie mit einer Plastikfolie, denn trotz Wind und Regen, trotz Hitze und Kälte durfte sie das ganze Jahr über nicht bewegt werden. Daran befestigte er seine Kamera und machte an sorgfältig vorausberechneten Tagen über ein Jahr verteilt jeweils eine Aufnahme. Ein Sonnenfilter sorgte dafür, dass der Film nicht überbelichtet wurde. Während des ganzen Jahres durfte der Film nicht weiterbewegt werden. Jede Änderung an der Kamera oder an der Halterung konnte die Arbeit von Monaten zunichte machen.

Ayiomamitis arbeitete nicht nur mit einer, sondern gleich mit mehreren Kameras, in denen er jeweils nur ein einziges Filmstück belichtete. Das so gewonnene Mehrfachbild kombinierte er mit Hilfe von Software mit einem Vordergrund, der ein antikes griechisches Bauwerk zeigt. Bis heute gelangen ihm sieben vollständige Analemmata – ein Weltrekord, kein anderer hat mehr als eines geschafft. Er hofft, im laufenden Jahr noch fünf weitere abschließen zu können.

Aber auch Anthony Ayiomamitis hatte mit Pannen zu kämpfen. Einmal merkte er erst nach der Entwicklung, dass sich der Film in der Kamera doch geringfügig bewegt hatte – ein ganzes Jahr war verloren. Im Jahre 2001 verrückte dann ein Erdbeben die Außenaufstellung. Doch Glück im Unglück, die Serie hatte er sowieso wegen schlechten Wetters abbrechen müssen. Ein anderes Mal, eine Analemma-Serie war gerade beendet, musste er wiederum feststellen, dass die Ausrichtung der Kamera verändert worden war. Die Außenanlage hatte sich irgendwie bewegt. Die Ursache: Ein Hund hatte sich darin verbissen.

Ein Analemma am griechischen Morgenhimmel. In das Bild eingeblendet der Amateurastronom Anthony Ayiomamitis, der das Bild auf die im Text beschriebene Art gewonnen hat.

Astronomiebücher aus stürmischen Zeiten

Vor einem Vortrag, den ich kürzlich in Heidelberg hielt, schenkte mir eine Zuhörerin ein Erbstück ihrer Mutter, die 1920er-Auflage des Klassikers „Aus fernen Welten", der den Schriftsteller und Astronomen Bruno H. Bürgel berühmt gemacht hatte. Bürgel war ein außergewöhnlicher Mensch. Seine allein erziehende Mutter starb frühzeitig, den Zweijährigen adoptierte die Schuhmacherfamilie Bürgel und zog ihn in einem Berliner Vorort groß. Nach acht Jahren Volksschule lernte er das Handwerk des Steindruckers. Schon früh bewegte ihn der Anblick des Nachthimmels und bald bewarb er sich um eine Anstellung an der Urania-Sternwarte in Berlin.

Bürgel begann in diesem vor allem der Öffentlichkeitsarbeit dienenden Institut als Saaldiener, schrieb aber schon bald erste wissenschaftliche Zeitungsartikel. Im Jahre 1910 kam sein oben erwähntes Buch heraus, ein Bestseller, der mir vorliegenden Auflage gingen bereits 74 000 verkaufte Exemplare voraus. Dieses und

Bruno H. Bürgel (1875–1946)

Kasimir Graff (1878–1950)

mehrere nachfolgende Bücher wurden in neun Sprachen übersetzt. Später schrieb er seine Lebenserinnerungen unter dem Titel „Vom Arbeiter zum Astronomen", ein Buch, das gleichfalls ein großer Erfolg wurde.

Angeregt durch dieses Geschenk suchte ich in meiner Datenbank nach Hinweisen auf Bürgel und stieß auf Zeitschriftenartikel des Studienrates Arnold Zenkert, dem früheren Leiter des Potsdamer Planetariums. Daraus erfuhr ich, dass Bürgel in Briefkontakt mit Kasimir Graff gestanden hatte, dem zeitweiligen Direktor der Wiener Sternwarte. Von Graff befindet sich schon seit einem halben Jahrhundert der 1928 erschienene „Grundriss der Astrophysik" in meiner Bibliothek.

Sterneninseln oder Gasfladen in der Milchstraße?

Die Bücher sind in den Jahren 1920 und 1928 erschienen, also in einer astronomisch stürmischen Zeit. Während des Ersten Weltkrieges hatte der Amerikaner Harlow Shapley (1885–1972) die Größe unseres Milchstraßensystems bestimmt. Schon Immanuel Kant (1724–1804) hatte vermutet, dass die elliptischen Nebelscheibchen, die im Fernrohr zwischen den Sternen zu erkennen sind und oft Spiralformen zeigen, andere Milchstraßensysteme weit draußen im sonst leeren Raum wären. Je nach dem Winkel, unter dem wir sie sehen, erscheinen sie uns einmal kreisrund, dann wieder von elliptischer Form.

Dass es sich tatsächlich um ferne Milchstraßensysteme handelt, bewies der amerikanische Astronom Edwin Hubble (1899–1953) im Jahre 1924. Fünf Jahre danach entdeckte er, dass sich alle entfernten Sternsysteme von uns wegbewegen, dass das Weltall expandiert. Für mich war das eine perfekte Gelegenheit zu prüfen, inwieweit die Bücher von Bürgel und Graff die damals neuesten Erkenntnisse berücksichtigten.

Als Bürgel die mir vorliegende Auflage seines Buches auf den letzten Stand brachte, wusste er bereits von Shapleys Arbeiten, die ein Jahr zuvor erschienen waren. Während aber Shapley von der Einmaligkeit des Milchstraßensystems überzeugt war und den Raum außerhalb für leer hielt, machte sich Bürgel Kants Vorstellungen zu Eigen. Für ihn waren die Spiralnebel weit draußen im Raum befindliche Sternsysteme.

Zu dieser Vorstellung hatten sich damals viele, aber nicht alle Fachgelehrten durchringen können. Andere, auch Shapley selbst, hielten die Spiralnebel für Gaswolken – Bürgel verwendete dafür das anschauliche Wort „Gasfladen“ – in unserer Milchstraße. Erst später gelang es Hubble nachzuweisen, dass der Andromeda-Nebel tatsächlich ein Sternsystem ist, ähnlich unserem Milchstraßensystem. Aber das war erst vier Jahre, nachdem die mir vorliegende Auflage von Bürgels Buch erschienen war.

Der Mitreißende und der Nüchterne

Bürgel war kein nüchterner Schriftsteller, er konnte für naturwissenschaftliche Sachverhalte schwärmen. Er griff auch selbst zu Stift und Pinsel und malte Landschaften, so wie er sie sich in seiner Fantasie vorstellte. In seinen Werken gab er den eigenen Schauder an den Leser weiter: „Uns wird bange vor unserer eigenen Kleinheit in diesem unermesslichen Getriebe, und es will uns

So stellte sich Bruno H. Bürgel den Anblick des Saturn von einem seiner Monde aus vor.

scheinen, als glichen wir der Ameise, die einen neugierigen Blick ins Innere eines Elektrizitätswerkes geworfen und nichts sah als allerlei Blinke-Blankes, das auf und nieder schnurrt und ewig unverständlich bleiben muss."

Bei seiner Begeisterung für die Weltinseltheorie unterlief ihm allerdings ein Lapsus. Er hielt den Ringnebel in der Leier, von dem wir heute wissen, dass dort ein sterbender Stern Gasmassen in den Raum bläst, für eine Weltinsel. In späteren Auflagen hat er dies korrigiert.

Ganz anders hingegen Kasimir Graff. Er schrieb sein Buch acht Jahre später, und er war der nüchterne Astronom, der Fakten vermittelte und seitenlange Tabellen nicht scheute. Er ließ den Leser im Unklaren darüber, welche der von ihm vermittelten Fakten ihn selbst begeisterten und welche er nur der Vollständigkeit halber erwähnte.

Noch drei Jahre, nachdem Hubble die Entfernung des Andromeda-Nebels bestimmt und damit die Weltinselhypothese bewiesen hatte, formulierte Graff recht vorsichtig, man könne sich nur beim Andromeda-Nebel und bei dem Nebelfleck M 33 im Sternbild

Dreieck sicher sein, dass sie entfernte Sternsysteme seien, und er schrieb: „Bei den anderen Spiralen kann man der Frage vorläufig nur mit Wahrscheinlichkeitsgründen näher treten."

An einer anderen Stelle schloss er: „Wie die Dinge auch im Einzelnen liegen mögen, sie ändern nichts an der Erkenntnis, dass das Weltall an den Grenzen unseres Sternsystems keinen Abschluss findet, sondern gewissermaßen hier erst beginnt. Von diesem Standpunkt aus erscheinen selbst die ungewöhnlich großen, in unsere Fixsternwelt gar nicht passenden Radialgeschwindigkeiten der Spiralnebel nicht mehr so rätselhaft wie bisher." Das schrieb er ein Jahr, bevor Hubble anhand dieser Geschwindigkeiten die Expansion des Weltalls entdeckte.

So ist Bürgels Buch eine *Erzählung* von den Wundern des Weltalls, Graff hingegen hat ein vorbildliches *Sachbuch* geschrieben. Wie vielgestaltig doch populärwissenschaftliche Literatur sein kann und wie schade ist es, dass unsere stets medienpräsenten Literaturkritiker es für unter ihrer Würde halten, an diese Literaturgattung auch nur einen Gedanken zu verschwenden.

E = mc² – ohne Formeln erklärt!

„Alles spricht von Albert Einstein und seiner vor 100 Jahren gefundenen Formel, wie heißt sie doch? ‚E gleich Emcequadrat'?", fragte mich kürzlich mein Freund Hans-Ludwig. „Kannst du mir das erklären? Aber bitte ohne Formeln!"

Noch ehe ich ihn auf den logischen Unsinn seiner Bitte, eine Formel ohne Formeln zu erklären, aufmerksam machen konnte, kam mir eine Idee: Die Formel gibt quantitativ an, wie Energie zu Masse und Masse zu Energie werden kann. Mit ihr kann man errechnen, dass die Energie, die bei der Bombe von Hiroshima frei wurde, der Masse von nur einem Gramm entspricht. Hätte man nach der Explosion alle Atomkernbausteine und alle Elektronen, die aus der Bombe stammen, aufsammeln und auf die Waage legen können, alles zusammen wäre um ein Gramm leichter gewesen als das ursprüngliche Uran in der explodierten Bombe.

Was den Laien wundert, ist aber nicht die quantitative Aussage in Einsteins Formel, sondern die Tatsache, dass aus Energie, so etwas Festes, Greifbares wie Masse entstehen kann, genauer gesagt träge Masse, die erkennen lässt, ob man zum Beispiel von einer Kugel aus Styropor oder einer aus Blei getroffen wird (vgl. hierzu auch den Artikel auf S. 8). Dass ein Körper von größerer, träger Masse auch schwerer ist, hat bei der Entstehung der Allgemeinen Relativitätstheorie eine wichtige Rolle gespielt.

Aber zurück zur Frage meines Freundes. Dass aus Energie träge Masse werden kann, kann ich ihm tatsächlich ohne Formeln zeigen. Dazu muss ich ihm nur von einem Experiment erzählen, bei dem nichts passiert, und ihn an einige einfache Naturgesetze erinnern, die er in der Schule gelernt hat.

Was haben Licht und Regen gemeinsam?

Ein Körper, der sich bewegt, besitzt *Impuls*. Man berechnet ihn, indem man die träge Masse des Körpers mit seiner Geschwindigkeit multipliziert. Solange keine Kraft auf ihn wirkt, behält er sei-

Während die Regentropfen senkrecht von oben fallen (links), scheinen sie für den bewegten Beobachter von vorne zu kommen.

nen Impuls bei. Übt man eine Kraft auf ihn aus, etwa indem man ihn abbremst oder beschleunigt, ändert man seinen Impuls. Das ist der Satz von der Erhaltung des Impulses. Da sich dabei an der Masse des Körpers nichts ändert, macht sich die Impulsänderung in der Änderung seiner Geschwindigkeit bemerkbar. Ohne äußere Kraft, also auch ohne die Wirkung einer Schwerkraft, fliegt der Körper ewig mit der stets gleichen Geschwindigkeit geradlinig durch den Weltraum.

Auch Licht besitzt Impuls, ebenso wie Regentropfen. Ein Lichtblitz, der auf eine Wand fällt, übt auf sie eine Kraft in Richtung seiner Bewegung aus. Er ändert also den Impuls eines frei schwebenden Körpers, auf den er trifft und an den er seine Energie abgibt. Licht und Regentropfen bewegen sich mit einer bestimmten Geschwindigkeit. Das hat zur Folge, dass für einen bewegten Beobachter Lichtstrahlen wie Regentropfen aus einer anderen Richtung zu kommen scheinen als für einen unbewegten. Bei Regen leuchtet das sofort ein. Wer bei Windstille im Regen mit dem Schirm die Straße entlanggeht, hat den Eindruck, als ob die von oben fallenden Regentropfen ihm schräg entgegenkämen.

Schon im 17. Jahrhundert haben die Astronomen gemerkt, dass das Licht eines Sterns im Laufe eines Jahres aus etwas verschiedenen Richtungen zu uns kommt. Das liegt an der Bewegung der

Erde um die Sonne. Da sich das Licht sehr viel schneller bewegt als die Regentropfen, ist die Ablenkung, die so genannte *Aberration* des Lichtes, sehr viel kleiner. Sie beträgt maximal 21 Bogensekunden. Der Effekt lässt sich vereinfacht so beschreiben: Das Licht, das für einen unbewegten Beobachter aus einer bestimmten Richtung kommt, zum Beispiel von oben, scheint für einen vorwärts schreitenden Beobachter etwas „von vorne" zu kommen. Im Prinzip ist das genau so wie beim Regen.

Ein Experiment, bei dem nichts passiert

Jetzt kommt Einstein ins Spiel. Das Grundprinzip seiner Speziellen Relativitätstheorie besagt, dass für einen sich mit gleichförmiger Geschwindigkeit bewegenden Beobachter alle Naturgesetze genauso gelten wie für einen unbewegten. So muss auch in beiden Fällen der Satz von der Erhaltung des Impulses gelten: Wenn einem Körper Impuls erteilt wird, muss dieser seinen Impuls vergrößern, und das muss unabhängig davon gelten, ob der Beobachter relativ zum Körper in Ruhe ist oder nicht. Wir werden sehen, wie stark diese auf den ersten Blick recht nichts sagend erscheinende Forderung ist.

Bei unserem Experiment geschieht eigentlich gar nichts. Stellen wir uns vor, im leeren Raum, weitab von jeder Schwerkraft, schwebe ein Ziegelstein, der von zwei Lichtblitzen aus entgegengesetzten Richtungen getroffen wird. Seine Oberfläche sei schwarz, so dass sie alles eintreffende Licht verschluckt. Die Blitze kommen im gleichen Augenblick und sind gleich stark, beide enthalten Energie, die vom Stein aufgenommen und in Wärme umgewandelt wird. Ob die aufgenommene Energie etwas an der Masse des Körpers ändert, lässt sich nicht erkennen. Die Blitze stoßen den Stein, sie übertragen auch ihren Impuls auf ihn. Doch da ihre

Ein schwarzer Ziegelstein wird gleichzeitig von zwei aus entgegengesetzten Richtungen kommenden, gleich starken Lichtblitzen getroffen.

Kraftwirkungen entgegengesetzte Richtungen haben und gleich stark sind, heben sie einander auf. Der Impuls des Körpers ändert sich nicht, er bleibt in Ruhe. Vor dem Eintreffen der Pulse war er null. Da kein Impuls dazukam, bleibt er null. Der Impulssatz ist also erhalten. Wie ich schon sagte, eigentlich geschieht nichts.

Das überraschende Ergebnis

Ein sich gleichförmig gegen den Ziegelstein bewegender Beobachter kann mehr erkennen. Er möge sich in die Richtung bewegen, die im Bild nach unten weist. Für den Beobachter scheint sich der Stein nach oben zu bewegen, und da sich beim Experiment an der Bewegung des Steins nichts ändert, bewegt er sich für den Beobachter vor und nach den Lichtblitzen mit derselben Geschwindigkeit nach oben.

Wegen der Aberration des Lichts erscheinen dem Beobachter die beiden Lichtblitze nach oben abgelenkt. Für ihn geben sie daher dem Stein einen zusätzlichen Impuls nach oben. Das heißt, dass der Stein bei der Aufnahme der Energie der Lichtblitze auch etwas Impuls nach oben aufgenommen hat. Sein Impuls hat also während des Experimentes zugenommen. Erinnern wir uns: Impuls ist Masse mal Geschwindigkeit. Da sich für den Beobachter die Geschwindigkeit beim Experiment nicht geändert hat, muss die Masse zugenommen haben. Mit der Energiezunahme durch

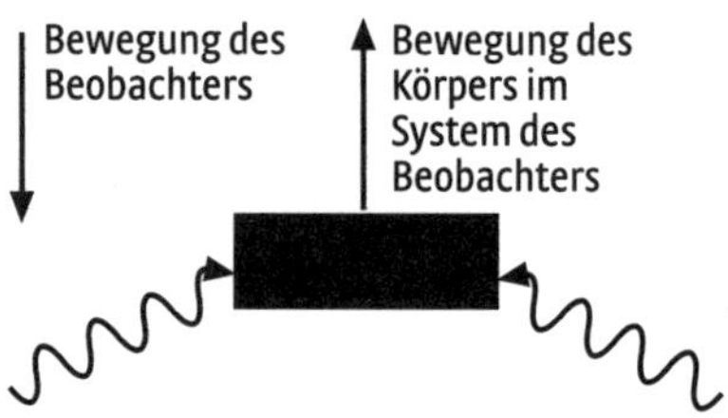

Für den sich gleichförmig nach unten bewegenden Beobachter scheint sich der Stein nach oben zu bewegen. Die von links und rechts einfallenden Lichtblitze erscheinen ihm wegen der Aberration etwas nach oben gerichtet.

die Lichtblitze wurde also die Masse erhöht. Die Energie des Lichtes hat sich in träge Masse umgewandelt. Dies kann der sich gegenüber dem Ziegelstein bewegende Beobachter aus dem Satz von der Erhaltung des Impulses erkennen.

So habe ich es meinem Freund erklärt. Mit nur wenigen einfachen Formeln hätte ich ihm auch zeigen können, dass die Massenzunahme des Steins seiner Energiezunahme gemäß der Einsteinschen Formel erfolgt. Aber von Formeln wollte Hans-Ludwig ja nichts wissen.

Kam das Leben aus dem Weltall?

Die Kosmologen glauben zu wissen, wie das Weltall begann, die Astrophysiker sagen uns, wie die Sterne entstanden sind, die Planetologen erklären, wie sich mit der Sonne auch die Planeten formten. Nur die uns viel näher liegende Frage, wie und wo das Leben begonnen hat, beantwortet uns keiner.
Die gängige Vorstellung ist, dass alles auf der frühen Erde vor Milliarden Jahren in einem Morast begann, in einer Ursuppe mit den nötigen chemischen Stoffen. Damals bildete sich aus einigen Molekülen ein Riesenmolekül, das sich mit Hilfe der Stoffe und der Energie in der Umgebung vervielfachen und damit fortpflanzen konnte. Wie überall im Leben gab es auch dabei Pannen. Durch spontane Veränderungen und durch Fehler bei der Vervielfachung traten manchmal so genannte *Mutationen* auf, die von Generation zu Generation vererbt wurden. Manche „Fehler" waren Verbesserungen, die es den „Kindern" erleichterten, in der Umgebung zu bestehen. Andere machten ihnen das Überleben schwerer. Auf lange Sicht überlebten nur die mit den Verbesserungen. So entwickelte sich das Leben auf der Erde vom Riesenmolekül zum intelligenten Leben. Doch das ist ein langer Weg, und man fragt sich, ob denn die etwa 4,5 Milliarden Jahre, seit denen es die Erde gibt, dafür ausreichten.

Die Panspermien-Theorie

Der schwedische Chemiker Svante Arrhenius (1859–1927) wies darauf hin, dass primitive Spuren des Lebens trotz der Kälte des Weltraums von außen unbeschadet auf die Erde treffen und so ständig neue extraterrestrische Lebenskeime auf uns herabrieseln könnten. Tatsächlich würden mikroskopisch kleine Teilchen in den obersten Schichten einer Planetenatmosphäre durch den Strahlungsdruck der Sonne in den Raum hinausgeblasen und gelegentlich auf einen anderen Planeten fallen. Lebende Zellen würde die Ultraviolettstrahlung im Weltraum aber schnell zerstören.

War das das Ende der *Panspermie*, wie Arrhenius die Besamung von Planeten durch Lebensspuren von anderen Planeten nannte? Der große englische Astrophysiker Sir Fred Hoyle (1915–2001) und sein Kollege Chandra Wickramasinghe (*1939) aus Sri Lanka wiesen darauf hin, dass Lebenskeime im Weltraum überleben können, wenn sie, vor der tödlichen Strahlung geschützt, im Inneren eines Kometen reisen, also im Inneren eines vielleicht kilometergroßen Eisbrockens. Kleinere Bruchstücke von Kometen stürzen ständig auf die Erde. Ihre Leuchtspuren ziehen sich als Sternschnuppen über den Nachthimmel. Bringen sie ständig neue Lebenskeime auf die Erde?

Begann es mit Gewittern?

Aber brauchen wir zur Erklärung des Lebens auf der Erde unbedingt das Weltall? Was geschieht, wenn wir die Bedingungen der frühen Erde im Labor simulieren? Das hat der Doktorand Stanley L. Miller, Schüler des Chemie-Nobelpreisträgers Harold Urey (1893–1981) um 1952 versucht. Er brachte die Stoffe, die früher die Chemie der Erdatmosphäre bestimmten, im Labor zusammen. Das waren nach der damaligen Meinung Wasserstoff, Methan, Ammoniak und Wasser. Und weil das Wetter damals wahrscheinlich auch so schlecht war wie heute, ließ er noch Blitze durch das Gasgemisch zucken.

Nach wenigen Tagen zeigte das Wasser einen rosaroten Schimmer. In dem Gebräu hatten sich Aminosäuren gebildet, die im Eiweiß und damit in Bausteinen des Lebens enthalten sind. Entstanden solche Lebenskeime in den Gewittern der frühen Erdatmosphäre?

Die Geschichte wäre zu schön, hätte sich die Meinung der Erdgeschichtler nicht geändert. Inzwischen glauben sie, dass die frühe Erdatmosphäre nicht Methan, sondern Kohlendioxid enthielt. Ob Methan oder Kohlendioxid, beide enthalten den Kohlenstoff, einen wichtigen Bestandteil der Aminosäuren. Doch als Miller in seinem Experiment das Methan durch Kohlendioxid ersetzte, bildeten sich selbst bei den heftigsten Laborgewittern keine Aminosäuren mehr.

Aminosäuren durch Sternlicht?

Wenn sie sich nicht auf der Erde bilden konnten, wo dann? Vielleicht doch im Weltall? Am Anfang dieses Jahrhunderts versuchten europäische Wissenschaftler aus den Niederlanden, Frankreich und Deutschland ähnlich wie Miller, zwar nicht die Bedingungen der frühen Erdatmosphäre, aber die des Weltraums im Labor zu simulieren, also in einem Laborgefäß Weltallbedingungen herzustellen, einen halben Liter Weltall eben. Am Projekt waren Institute aus Leiden, Orléans, Bremen und Katlenburg-Lindau beteiligt.

Allerdings wurden nur die Bedingungen simuliert, die für chemische Reaktionen wichtig sind. Die kosmische Hintergrundstrahlung zum Beispiel wurde weggelassen. In ein Vakuumgefäß wurden Wasser, Kohlenmonoxid, Kohlendioxid, Methan, Ammoniak und Methylalkohol eingeleitet, alles Stoffe, die im interstellaren Medium, dem Medium zwischen den Sternen, vorkommen. Die Gase kondensierten als Eis auf der Oberfläche eines Aluminiumzylinders der Temperatur von –261 °C. Gleichzeitig wurde ultraviolettes Licht eingestrahlt. Es entspricht dem Licht, das junge Sterne in den Raum strahlen. Nach 24 Stunden wurde das ganze System langsam auf Zimmertemperatur erwärmt. In dem auf dem Aluminiumblock zurückbleibenden Rest konnten danach 16 verschiedene Aminosäuren nachgewiesen werden. Sechs davon waren Eiweißbestandteile, unter Weltraumbedingungen entstanden.

Ist das ein Hinweis darauf, dass die Bestandteile des Lebens aus dem Weltall gekommen sind? Vielleicht gibt eine Besonderheit der Aminosäuren auf der Erde einen Hinweis darauf. Die Bestandteile eines organischen Moleküls können auf verschiedene Weise räumlich angeordnet sein. Manchmal ist eines das Spiegelbild des anderen, so wie die linke Hand das Spiegelbild der rechten ist. Ihrer optischen Eigenschaften wegen nennt man die eine Sorte linkshändig, die andere rechtshändig. Mit anderen Molekülen reagieren die beiden Sorten verschieden. So kann die eine gegen eine Krankheit wirksam sein, die andere Schäden hervorrufen.

Die 20 Aminosäuren, aus denen das irdische Eiweiß besteht, sind alle linkshändig. Im oben beschriebenen Experiment wurde natürliches UV-Licht eingestrahlt, das keine Drehrichtung aus-

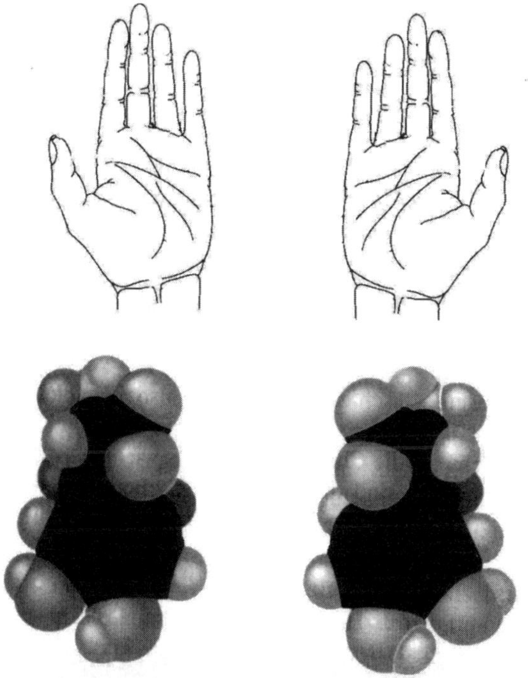

So wie eine Hand das Spiegelbild der anderen ist (oben), gibt es auch zueinander spiegelbildliche organische Moleküle. Von den beiden unten abgebildeten Molekülen wirkt das linke gegen die Parkinson-Krankheit, während das rechte biologisch inaktiv ist.

zeichnet. Die entstandenen Nukleinsäuren enthielten etwa gleich viele linkshändige wie rechtshändige Aminosäuren. Im Weltall gibt es aber Strahlungsquellen, die Licht mit einer bevorzugten Drehrichtung aussenden, so genanntes zirkular polarisiertes Licht. Sind vielleicht unsere linkshändigen Aminosäuren dort bevorzugt entstanden?

Aber stammen unsere molekularen Vorfahren wirklich aus dem Weltall? Es wäre auch denkbar, dass es auf der Erde anfangs etwa gleich viele linkshändige wie rechtshändige Aminosäuren gab, dass sich aber im Laufe der Evolution eine Sorte auf Kosten der anderen durchsetzte. Mit anderen Worten: Die einen fraßen die anderen auf.

Ein Komet auf dem Prüfstand

Die europäische Kometensonde *Rosetta* wird im Jahre 2014 eine Landefähre auf dem Kern eines Kometen aufsetzen, die dort den Boden anbohren und den Bohrkern auf Aminosäuren untersuchen soll. Helmut Rosenbauer, einer der führenden Wissenschaftler der *Rosetta*-Mission war schon an der oben beschriebenen Erzeugung von Aminosäuren im Labor unter Weltraumbedingungen beteiligt. Kommen die Bausteine des Lebens nun aus dem Weltall oder nicht? Meteoriten enthalten neben Aminosäuren auch Nukleinsäuren, ohne die kein Leben von der Art, wie wir es kennen, möglich ist. Es ist aber noch ein weiter Weg zu wirklichem Leben. Deshalb wissen wir auch nicht, ob überall, wo die Bedingungen die gleichen sind wie damals auf der Erde, die Amino- und Nukleinsäuren auch wirklich lebendig werden. Vielleicht sagte Gott, nachdem er sah, was aus den Aminosäuren auf der Erde geworden war: „Einmal und nie wieder!"

Helmut Rosenbauer mit einem Modell der Landefähre von Rosetta, *die im Jahre 2014 den Kern des Kometen Tschurjumow-Gerasimenko untersuchen wird.*

Geschichten aus dem Sonnensystem

Die Sonne löscht unseren Durst

Wir lesen es immer wieder: Alles verdanken wir der Sonne, die Energie aus Kohle und Öl, aus Wind- und Wasserkraft und erst recht die aus Solaranlagen. Die Sonne wärmte die Erde Jahrmilliarden lang, so dass sich Leben entwickeln konnte, und sie wird uns auch noch für weitere Jahrmilliarden wärmen.

Dabei hält sie auch das Wasser auf der Erde flüssig, das es im Weltall häufig zu geben scheint. Von den drei häufigsten chemischen Elementen im Kosmos, dem Wasserstoff, dem Helium und dem Sauerstoff, kann das Edelgas Helium keine chemischen Verbindungen eingehen. Wasser- und Sauerstoff aber können sich zu Wasser verbinden: Zwei Wasserstoffatome und ein Sauerstoffatom bilden ein Wassermolekül. So ist es kein Wunder, dass die gewaltigen Molekülwolken im Raum, die Geburtsstätten neuer Sterne, auch Wassermoleküle enthalten.

Auch als unsere Sonne mit ihren Planeten entstand, kondensierte das Wasser in den äußeren Bereichen des Planetensystems. Ab und zu erhalten wir Kunde aus jenen kalten Regionen, wo die Materie noch genau so ist, wie sie vor Milliarden Jahren einfror. Gelegentlich kommt von dort nämlich ein Komet in das Innere unseres Sonnensystems, einer der zahlreichen Eisbrocken, die

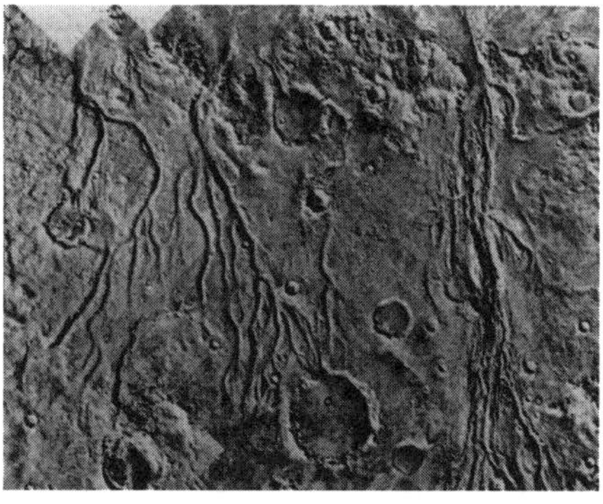

Ausgetrocknete Flussbette auf der Marsoberfläche zeigen, dass dort früher eine Flüssigkeit von den Bergen herabgeflossen sein muss. War es Wasser?

weit draußen die Sonne umkreisen. Wahrscheinlich stammt alles Wasser der Erde von solchen Körpern, die in frühester Zeit auf sie einstürzten, denn von Anfang an kann es kaum da gewesen sein, da die Erde damals heiß war und Wasser nicht kondensieren konnte. Erst später stürzten Eisbrocken auf sie, schmolzen und füllten unsere Ozeane.

Warum aber fielen solche Eisbrocken nicht auch auf unsere Nachbarplaneten Venus und Mars? Keiner der beiden besitzt Ozeane, ganz anders als die Erde, die ihrer Meere wegen vom Weltraum aus blau erscheint.

Die verschiedenen Gesichter des Treibhauseffekts

Dass das Wasser bei uns flüssig ist, verdanken wir zusammen mit der Sonne dem Kohlendioxid in der Luft. Es lässt zwar die Sonnenstrahlung ungehindert auf den Boden treffen, hält aber die Abstrahlung der erwärmten Erde zurück. Dies bezeichnet man als *Treibhauseffekt*. Ohne ihn wäre die mittlere Temperatur auf der Erde niedriger, vermutlich wären dann alle Ozeane gefroren.

Das Kohlendioxid in der Luft reguliert also die Temperatur auf der Erde. Es wird durch Vulkane in die Luft geblasen und vom Regen ins Meer gespült. Auf dem Mars zeugen ausgetrocknete Flussbette davon, dass es dort wahrscheinlich auch einmal flüssiges Wasser gegeben hat. Vielleicht schickten früher auch dort Vulkane Kohlendioxid in die Atmosphäre, der daraus resultierende Treibhauseffekt hielt den Mars warm und damit das Wasser flüssig. Als der Vulkanismus nachließ, wusch der Regen das Kohlendioxid in die Meere, der Treibhauseffekt ließ nach, die Temperatur sank, das Wasser gefror und liegt heute wahrscheinlich tief gefroren im Boden.

Auf der Venus wurden die Moleküle des Wassers vermutlich in den obersten Schichten der Atmosphäre in ihre Bestandteile Wasserstoff und Sauerstoff zerlegt. Der leichte Wasserstoff entwich in den Raum. Das Wasser wurde knapp, der Regen blieb aus, die Vulkane lieferten aber noch weiter Kohlendioxid nach. Der Treibhauseffekt erhöhte die Temperatur der Venusoberfläche auf über

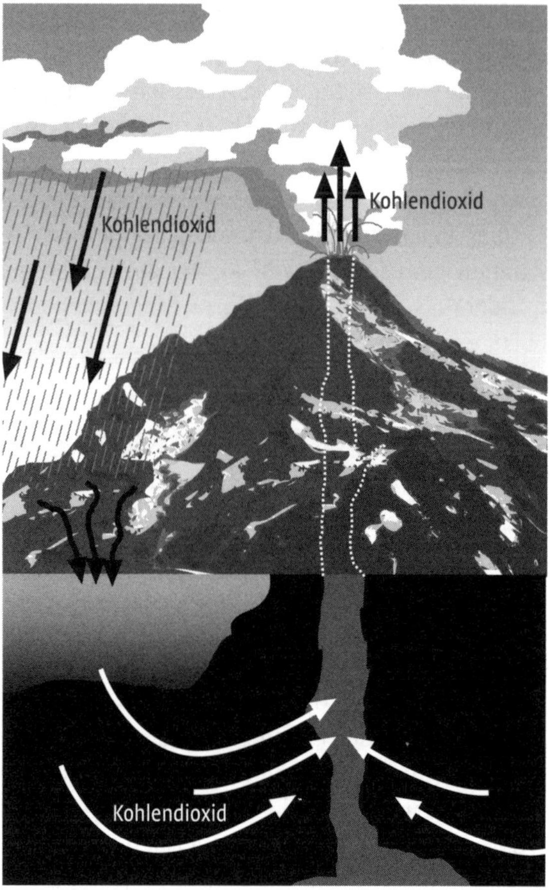

Kohlendioxid wird von den Vulkanen ausgestoßen und über Regen und Verwitterung in die Ozeane und dann wieder in den Erdboden gebracht. Der Kohlendioxidgehalt der Atmosphäre regelt über den Treibhauseffekt die Temperatur auf einem Planeten.

400 °C. Auf der Erde haben wir das Glück, dass Sonneneinstrahlung und Treibhauseffekt die Temperaturen so regeln, dass das Wasser flüssig bleibt.

Auch weiter draußen im Sonnensystem scheint Wasser reichlich vorhanden zu sein, vielleicht sogar in flüssigem Zustand. Auf dem Jupitermond Europa bedeckt wahrscheinlich eine viele Kilometer dicke Eisschicht einen flüssigen Ozean. Es wäre sogar mög-

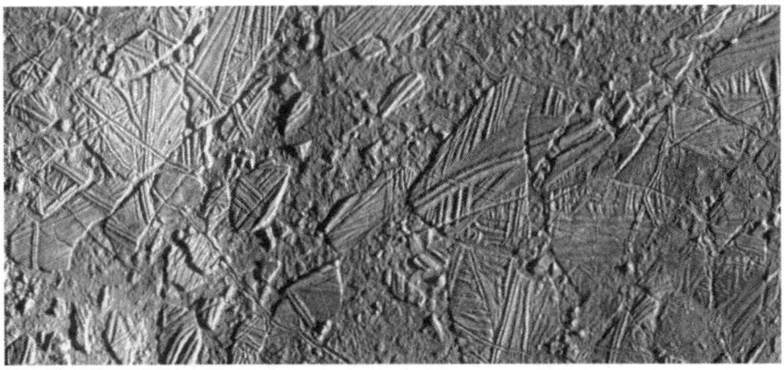

Packeisschollen auf dem Jupitermond Europa lassen vermuten, dass es darunter Wasser in flüssiger Form gibt.

lich, dass dort Leben existiert. Auch am Boden unserer Gletscher findet man Algen. Aber als Alge unter einem Gletscher – was ist das schon für ein Leben!

Das versalzene Wasser der Erde

Die Sonne hält bei uns nicht nur das Wasser flüssig, sie versorgt uns auch mit Trinkwasser. Obwohl etwa 71 Prozent der Erdoberfläche von Ozeanen bedeckt sind, macht der Wasseranteil der Erde nur etwa ein Tausendstel ihrer Masse aus – und nahezu alles ist versalzen. Nur 0,3 Prozent des irdischen Wasservorrats befinden sich in Flüssen, Bächen, Seen, Sümpfen oder im Grundwasser und können zu Trinkwasser aufbereitet werden.

Ein Liter Meerwasser enthält etwa 35 Gramm Salze, darunter ungefähr 27 Gramm Kochsalz. Das war nicht immer so. Anfangs war das Wasser noch verhältnismäßig rein. Doch die Sonne ließ es verdampfen und als Regen auf das Land fallen. Bei der Verwitterung nahm es Bestandteile des Bodens, vor allem Natrium, auf und trug sie ins Meer. Dort verblieben sie, während das Wasser wieder verdunstete und als Regen weiterhin Gestein verwittern ließ.

So reicherte der Wasserkreislauf das Meer im Laufe der Erdgeschichte kontinuierlich mit Fremdstoffen an. Dazu kamen noch andere chemische Elemente aus den Dämpfen der Vulkane über und unter dem Meeresspiegel. Sie bildeten mit den Verwitterungsstoffen Salze, vor allem Kochsalz, das aus einem Natrium-

und einem Chloratom besteht. Dass wir heute überhaupt noch Süßwasser auf der Erde haben, verdanken wir ebenfalls der Sonne, die es für uns immer wieder aus dem Meerwasser herausdestilliert.

Doch mit dem Bevölkerungswachstum und zunehmendem Nahrungsbedarf wird das Wasser knapp. Im südlichen Zentralasien und im Norden und Süden Afrikas herrscht jetzt schon Wassernot. Müssen wir also in absehbarer Zeit zur Deckung unseres Bedarfs Meerwasser in großem Maßstab entsalzen?

Wasserentsalzung kann auf zwei Weisen geschehen: Man destilliert Seewasser und erhält sehr reines Wasser, übrig bleibt eine konzentrierte Salzlauge, die entsorgt werden muss. Man kann aber das Seewasser auch mit hohem Druck gegen Membrane pressen, die Wasser durchlassen, die Salze aber zurückhalten. Auch hier muss die eingedickte Lauge entsorgt werden. Zurzeit gibt es weltweit mehr als 7000 Entsalzungsanlagen, vor allem im Nahen Osten, die größte in Saudi-Arabien. Aber auch in der Karibik werden etwa zwölf Prozent des weltweit entsalzten Wassers produziert. Werden in Zukunft solche Anlagen das Wasserproblem der Menschen lösen? Entsalzungsanlagen kosten Geld und benötigen Energie. Aber auch das Wasser aus Flüssen oder Stauseen muss aufbreitet werden. Im Mittel ist ein Liter entsalztes Wasser etwa sieben- bis achtmal teurer als aufbereitetes Süßwasser.

Man kann sich schon vorstellen, dass anstelle der Kriege um Öl in Zukunft Kriege um Wasser geführt werden. Denn nahezu eine Milliarde Menschen lebt in Gebieten ohne ausreichende Wasserversorgung. In den meisten Städten Afrikas versickert die Hälfte des Wassers durch undichte Leitungen im Boden. Frauen und Mädchen müssen jeden Tag stundenlang Wasser für ihre Familien heranschleppen.

Auf dem Gipfeltreffen der Welthandelsorganisation (WTO) im Jahre 2002 in Johannesburg überlegten Experten, wie Abhilfe geschaffen werden könnte. Die Delegierten fanden jedoch keine Lösung. In den Entwicklungsländern werden auch in Zukunft jedem Einwohner pro Tag im Mittel nur etwa 20 Liter Wasser zur Verfügung stehen. Die Experten selber verbrauchten während des Gipfeltreffens aber pro Person durchschnittlich 200 Liter am Tag.

Wenn die Berge versinken

Wer glaubt, er habe genug von der Welt gesehen, mag die Sonne ungeschützt durch ein Fernrohr betrachten. Wer sein Augenlicht jedoch behalten will, beachtet die nötigen Sicherheitsvorschriften und benutzt ein geeignetes Filter vor dem Objektiv oder projiziert das Sonnenbild auf einen Papierschirm hinter dem Okular. Dabei überrascht es, wie exakt die Sonne eine Kreisscheibe bildet, sie wirkt wie mit einem Zirkel gezogen, der Rand nicht ausgebeult.

Diese Regelmäßigkeit rührt daher, dass das Gas auf der Sonne der Schwerkraft folgt – so gut es eben geht. Aber der Gasdruck steht dem entgegen, und so stellt sich ein Gleichgewicht ein, bei dem an jedem Punkt die Schwerkraft und die Kraft des nach innen ansteigenden Druckes einander die Waage halten. Die Oberfläche der sich dabei ausbildenden Gleichgewichtsfigur ist genau eine Kugel. Nur wenn noch andere Kräfte wirksam sind, wenn Magnetfelder das Gas drücken und ziehen, wie in den Sonnenflecken, oder wenn starke Strömungen das Gleichgewicht stören, wird die Oberfläche verbeult. Aber das kann man bei der Sonne nur mit besonderen Beobachtungstricks wahrnehmen.

Warum das Matterhorn nicht einsinkt

Auch Erde und Mond sind annähernd Kugeln. Bei der Erde treten als störende Kräfte noch die Fliehkraft der Rotation und die Anziehungskraft des Mondes hinzu. Deshalb ist die Erde abgeplattet und ihre Oberfläche, vor allem die der Meere, den Gezeiten unterworfen. Dass der Mond von der Kugelform abweicht, liegt an der Kraft, mit der ihn die Erde anzieht. Würde die Materie von Mond und Erde allein diesen Kräften folgen, müssten beide Körper leicht verformte Kugeln mit glatten Oberflächen sein. Sie sind es aber nicht. Auf der Erde ragen Gebirge bis nahezu 9000 Meter hoch, einige Mondberge sind sogar noch höher. Warum folgt das Matterhorn nicht der Anziehungskraft der Erde und sinkt ein? Warum rutscht der Himalaja nicht auf Meereshöhe ab?

Die Sonne und große Planeten formen sich im Weltall zu Kugeln, Astronauten und Kleiderschränke nicht.

Die Gebirge bestehen aus fester Materie, deren innere Spannungen, also Atombindungskräfte, jeder Verformung entgegenwirken. Sind diese Kräfte stark genug, dann folgt die Materie nicht mehr bedingungslos der Schwerkraft. Dass nicht alles, was im Weltall herumfliegt, eine Kugel sein muss, wissen wir von den Asteroiden, den Fels- und Eisbrocken, die keinerlei Ähnlichkeit mit einer Kugel haben. Ebenso haben einige der Monde im Sonnensystem eine unregelmäßige Form. Auch die Raumstation, welche die Erde umkreist, bleibt das sperrige Gebilde, als das sie gebaut wurde, und auch der Astronaut rollt sich im Weltall nicht wie ein Igel zusammen, um annähernd die Form einer Kugel zu erlangen. Die Spannungskräfte im Gestänge der Raumstation und in den Knochen des Raumfahrers sind sehr viel stärker als die Schwerkraft, die die Raumstation auf ihre Teile ausübt, und auch die eigene Schwereanziehung des Astronauten ist winzig im Vergleich zu den Spannungskräften in seinen Knochen. Ein Kleiderschrank, den wir in den Raum hinausschießen, behält seine Gestalt. Nur wenn die Masse eines Körpers groß genug ist, wird seine eigene Schwerkraft wichtig.

Gasförmige und flüssige Himmelskörper hingegen haben keine Berge, da ihre Materie keine Spannungskräfte kennt, sie müssen Kugelform besitzen. Erst wenn sie abkühlen und sich ihre Oberflächenschichten verfestigen, bilden sich Kristallverbände und schließlich Berge.

Eine Faustformel für Berghöhen

Nehmen wir einen Berg auf der Erde. Die Schwerkraft zieht ihn nach unten. Die Spannungskräfte am Fuße des Berges und die der darunter liegenden Schichten stemmen sich dagegen. Wird aber der Berg zu schwer, entweder weil er zu hoch ist oder weil die Schwerkraft des Planeten, auf dem er steht, zu groß ist, dann müssen die Spannungskräfte nachgeben. Der Berg sinkt in den Boden, denn bei einem Druck von 1000 Atmosphären wird selbst der härteste Granit weich.

Die aus Gestein bestehenden Planeten und Monde sind aus nahezu den gleichen Stoffen aufgebaut. Das weiß man zum Beispiel durch Analyse der von den *Apollo*-Astronauten mitgebrachten Mondgesteinsproben. Man hat auf der Erde auch mehr als ein Dutzend Meteoriten gefunden, die vom Mars stammen. Sie wurden bei Meteoriteneinschlägen auf dem Mars in den Raum geschleudert und sind später auf die Erde gefallen. Ihr Gestein entspricht in seiner Festigkeit dem irdischen. Wir können also erwarten, dass die Spannungskräfte im Gestein auf anderen Planeten etwa beim gleichen Druck nachgeben wie die Gesteine auf der Erde. Wenn wir dann in Gedanken auf einem Planeten einen Berg auftürmen, dann steigt der Druck auf den Boden, bis die Spannungskräfte etwa bei dem gleichen kritischen Druck nachgeben. Wann aber genau geschieht das? Was sind das für Kräfte, die einen Berg tragen?

Es sind die Kräfte in den Kristallen der Gesteine. Sie sind elektromagnetischer Art und werden von den Gesetzen der Quantenmechanik bestimmt. So hängt die anfangs gestellte Frage nach Berghöhen auf Planeten – eine astronomische Frage also – von fundamentalen Naturgesetzen ab, die von grundlegenden physikalischen Naturkonstanten bestimmt werden. Es ist daher kein Wunder, dass ein theoretischer Physiker Hand anlegte und einen Beitrag zu den Berghöhen auf Planeten lieferte.

Viktor F. Weisskopf wurde im Jahre 1908 in Wien geboren, wo er seine Kindheit, seine Gymnasialjahre und auch die ersten Semester seines Physikstudiums verbrachte. Dann ging er an die Universität Göttingen, arbeitete danach in Kopenhagen, Zürich und in Charkow, dem damaligen Zentrum der russischen Quantenmechanik. Später war er in den USA am Manhattan-Projekt beteiligt, dem Bau der Atombombe, und setzte sich nach dem Zweiten Weltkrieg für Abrüstung und die friedliche Nutzung der Atomenergie ein. Er lehrte am Massachusetts Institute of Technology und leitete von 1961 bis 1965 das Europäische Kernforschungszentrum CERN in Genf. Zehn Jahre später nahm er sich des Problems der Berghöhen auf Planeten an und entwickelte dafür eine Faustformel.

Da die aus fester Materie aufgebauten Planeten in grober Näherung nahezu dieselbe Dichte besitzen, zeigt die Formel eine überraschende Einfachheit. Neben der Masse des Himmelskörpers gehen in sie nur Naturkonstanten ein, wie die Lichtgeschwindigkeit, die Masse eines Protons und die Ladung eines Elektrons sowie das Plancksche Wirkungsquantum, das die Gesetze der Quantenmechanik bestimmt. Nach Weisskopfs Formel wird der Boden eines Berges auf der Erde weich, wenn er eine Höhe in der Größenordnung von zehn Kilometern erreicht. Tatsächlich haben wir keine größeren Berge. Die maximalen Berghöhen anderer Himmelskörper folgen dann einer einfachen Regel: Achtfache Masse – halbe Berghöhe, 27fache Masse – Berghöhe ein Drittel. Mathematisch ausgedrückt: Die Berghöhe ist umgekehrt proportional der dritten Wurzel aus der Masse.

Der Planet Mars besitzt ein Zehntel der Masse der Erde, seine Berge können also etwas mehr als doppelt so hoch sein. Tatsächlich ist Olympus Mons, der höchste Berg auf dem Mars sogar 27 Kilometer hoch. Der Mond hat nur ein 81stel der Masse der Erde. Seine

Berge könnten sogar in Höhen bis zu 40 Kilometer ragen, sie erreichen aber nur Höhen von elf Kilometer. Weisskopfs Faustformel sagt ja auch nur, wie hoch Berge in den Himmel wachsen können, sie sagt aber nicht, dass sie so groß werden müssen.

Die Weisskopfsche Formel ist nur eine grobe Abschätzung. Eine genauere Formel zur Berechnung von Berghöhen auf Planeten hat kürzlich Johannes Feitzinger, der frühere Direktor des Bochumer Planetariums hergeleitet. Mit ihr kann er die Höhe des Vulkans Mauna Kilauea auf Hawaii auf zehn Prozent und den Olympus Mons auf dem Mars auf weniger als ein Prozent genau berechnen.

Kartoffelförmige Himmelskörper

Bei Erde, Mars und Mond sind die Berge klein im Vergleich zum Durchmesser des Himmelskörpers. Je kleiner aber dieser wird, desto schwächer wird die Schwerkraft an seiner Oberfläche, und umso größere Berge können sich auftürmen ohne einzusinken. Bei hinreichend kleinen Himmelskörpern wird die Berghöhe dann vergleichbar mit dem Durchmesser. Die Form des Körpers entspricht dann eben mehr der einer Kartoffel als einer Kugel. Nach Weisskopf ist das der Fall, wenn der Durchmesser des Himmelskörpers unterhalb von 300 Kilometern liegt. Nicht mehr die Schwerkraft, sondern die Spannungskräfte der Materie bestimmen dann seine Form.

Beispiele dafür sind die Asteroiden, die Kerne von Kometen und die kleineren Planetenmonde. So ist zum Beispiel der Marsmond Deimos unregelmäßig geformt. Das wundert nicht, denn sein Durchmesser liegt bei nur rund zehn Kilometern. Von den Asteroiden liegen nur die beiden größten, Ceres und Pallas, knapp über der Weisskopfschen Grenze, die anderen darunter. Es ist also kein Wunder, dass sie unregelmäßig geformt sind, was man zum Beispiel an ihren Helligkeitsänderungen erkennen kann. Sie werfen das reflektierte Sonnenlicht im Rhythmus ihrer Rotation verschieden stark in unsere Richtung. Aber auch die von Raumsonden gewonnenen Nahaufnahmen bestätigen das. Ebenso sind die

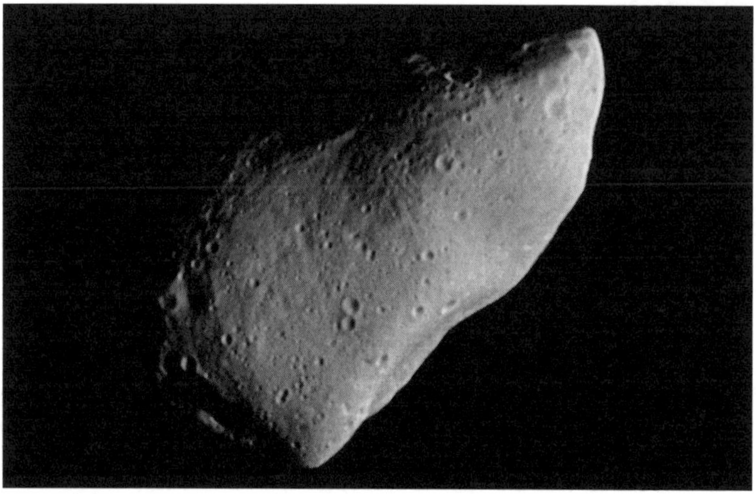

Die Form des von der Jupitersonde Galileo *aufgenommenen Asteroiden Gaspra wird nicht durch die Schwerkraft, sondern durch innere Spannungen bestimmt. Deshalb ist er – anders als die großen Planeten – keine Kugel.*

Kometenkerne klein, und ihre Form wird durch die inneren Spannungen bestimmt. So klobig und kantig sehen sie auch aus.

Die vier Galileischen Monde des Jupiter – Io, Europa, Ganymed und Kallisto – haben alle Durchmesser von mehr als 3000 Kilometern, die beiden Letzteren sogar mehr als 4000 Kilometer. Selbstverständlich sind sie in guter Näherung Kugeln. Es wundert auch nicht, dass der Jupitermond Amalthea von unregelmäßiger Form ist, denn sein mittlerer Durchmesser liegt mit 200 Kilometern unter der Weisskopfschen Grenze.

Wollte sich nun ein Astronaut, der größer ist als 300 Kilometer, bei der NASA oder der ESA bewerben, sie hätten keine Verwendung für ihn, denn die eigene Schwerkraft würde seine Knochen verbiegen.

... und außerdem fehlten passende Raumanzüge.

Kepler und die Geschichte vom roten Fleck

Nein, er hat ihn nie gesehen, er kann ihn gar nicht gesehen haben. Er konnte überhaupt nichts von seiner Existenz wissen – und doch beschrieb er ihn.

Entdeckungen bringen einem Wissenschaftler Ansehen und gelegentlich auch finanzielle Vorteile. Manchmal bringen sie auch Ärger. Wer hat das Aids-Virus zuerst gefunden? Wer hat als Erster bemerkt, dass Energie auch Masse ist, Albert Einstein in Bern oder Friedrich Hasenöhrl in Wien? Streit um die Priorität einer Entdeckung gibt es nicht nur heute, auch vor 400 Jahren war das nicht anders, damals, als Galileo Galilei in Padua im Fernrohr die Mondkrater, die Jupitermonde und den Sternenreichtum der Milchstraße entdeckte. Kaum hatte er in seiner im März 1610 erschienenen Schrift „Sidereus Nuncius" (Der Sternenbote) darüber berichtet, traten andere auf den Plan, die all das schon vorher gesehen haben wollten.

Soll ein Forscher seine Entdeckung so früh wie möglich bekannt geben und sich so die Priorität sichern? Oder soll er vorerst seine Entdeckung eine Weile für sich behalten, um seinen Wissensvorsprung noch etwas zu nutzen? Was aber, wenn inzwischen ein anderer unabhängig von ihm dasselbe findet, es in die Welt hinausposaunt und sich so die Priorität sichert?

Frühe Verschlüsselungsmethoden

Zu Galileis Zeiten half man sich oft so: Der stolze Entdecker schrieb die Neuigkeit in verschlüsselter Form auf, um später nachweisen zu können, dass er seine Entdeckung schon früher zu Papier gebracht hatte. Dazu veröffentlichte er ein „Anagramm". Das ging so: Nehmen wir an, wir wollten heute den Satz „ICH HABE RADIOSIGNALE VON SIRIUS EMPFANGEN" verschlüsseln. Dazu ordnen wir die Buchstaben nach dem Alphabet:

Galileo Galilei (1564–1642)

Johannes Kepler (1571–1630)

AAAABCDEEEEFGGHHIIIIILMNNNNOOPRRSSSUV. Das ist das Anagramm. Damit kann zwar niemand etwas anfangen, wenn aber in zehn Jahren jemand kommt und behauptet, er hätte Radiosignale einer fremden Zivilisation bei Sirius empfangen, dann könnten wir beweisen, dass wir das schon früher in einem Anagramm verschlüsselt haben, das alle Buchstaben des Satzes über unsere Entdeckung enthält, nicht mehr und nicht weniger: Wir also sind die Erstentdecker!

Es ist nicht unbedingt nötig, die Buchstaben in die alphabetische Reihenfolge zu bringen. Galilei formulierte aus den Buchstaben der Texte auch andere Sätze, die für sich wieder einen Sinn gaben, wenngleich dieser oft recht rätselhaft war. Der Weg vom Satz im Text zum Anagramm ist leicht, der vom Anagramm zurück zum Klartext aber praktisch unmöglich.

Für die Entdeckung der merkwürdigen Form des Saturn im Fernrohr, dessen Ring er noch nicht erkennen konnte, fertigte Galilei ein Anagramm an. Auch als er sah, dass die Venus Phasen zeigt wie der Mond, formulierte er das blumenreich in lateinischer Sprache: „Cynthiae figuras aemulatur mater amorum". Das heißt: „Die Mutter der Liebe (Venus) eifert den Gestalten Cynthias (des Mondes) nach." Daraufhin vertauschte er die Buchstaben, bis er schließlich HAEC IMMATURA A ME JAM FRUSTRA LEGUNTUR O Y erhielt, auf Deutsch: „Diese unreifen Dinger suche ich nun vergeblich." (Das O und das Y am Schluss waren ihm wohl übrig geblieben).

Der damals in Prag arbeitende deutsche Astronom Johannes Kepler, dem Galilei seine Entdeckung vorerst nicht verriet, ging sogleich daran, aus dem Anagramm einen sinnvollen Text zu rekonstruieren. Nach mühevoller Arbeit kam er auf mehrere Lösungen. Eine davon lautet: „Nam Jovem gyrari macula hem rufa testatur". Überzeugen Sie sich, dass im ursprünglichen Text, im Anagramm wie auch in Keplers Lösung die Buchstaben gleich häufig vorkommen (zwischen u und v sowie zwischen i und j wird nicht unterschieden). Der Satz heißt in der deutschen Übersetzung „Denn dass Jupiter rotiert, bezeugt ein roter Fleck". Offensichtlich war Kepler bei seiner Lösung je ein h, e und m übrig geblieben, er fügte sie zu dem sinnlosen Wort hem zusammen.

Vom Hackfleisch zur Kuh

Anagramme sind aus der Mode gekommen. Ein Astronom, der heute etwas entdeckt, macht kein Anagramm, er sendet auch kein Telegramm mehr, sondern eine E-Mail. Aber wissen Sie, dass jeder von uns auch heute noch von einem den Anagrammen ähnlichen Verfahren profitiert?

Sie haben doch eine Scheckkarte und zu ihr eine Geheimzahl. Die Bank hat zu Ihrer Sicherheit Ihre Geheimzahl nirgendwo gespeichert. Sie hat aus ihr, noch ehe sie sie Ihnen mitteilte, eine Art Anagramm gemacht. Das heißt, sie hat daraus eine andere Zahl errechnet und gespeichert, Ihre Schlüsselzahl. Das ist eine Zahl, die sich aus Ihrer Geheimzahl leicht errechnen lässt, aus der aber nicht etwa ein Bankangestellter Ihre Geheimzahl wiedergewinnen kann.

Ihre Geheimzahl aber hat die Bank längst vernichtet. Deshalb können Sie diese, wenn Sie sie vergessen haben, von ihr auch nicht ein zweites Mal erfahren. Die Bank gibt Ihnen stattdessen eine neue Geheimzahl, aus der sie eine neue Schlüsselzahl errechnet und speichert. Ihre neue Geheimzahl wird danach vernichtet. Wenn Sie dann zum Automaten gehen und mit der Karte Ihre

Jupiter von der Planetensonde Voyager 1 *aufgenommen. Der Pfeil weist auf den „Roten Fleck".*

Geheimzahl eingeben, so berechnet der Automat daraus Ihre Schlüsselzahl. Geld fließt nur, wenn die gespeicherte und die am Automaten errechnete Schlüsselzahl übereinstimmen. Der Weg von der Geheimzahl zur verschlüsselten Geheimzahl ist leicht, der umgekehrte Weg ist schwer.

Deshalb sprechen die Mathematiker auch von einer *Einwegfunktion* oder, in Anlehnung an die englische Bezeichnung, von einer *Hash-Funktion*. Darin steckt das französische Verb *hacher*, das heißt „zerhacken", ein Prozess, bei dem die ursprüngliche Ordnung zerstört wird. Im Deutschen gibt es das Wort Haschee für eine Speise aus gehacktem Fleisch. Da haben wir die typische Einwegfunktion: Der Weg von der Kuh zum Hackfleisch ist einfach, aber machen Sie mal aus Hackfleisch eine Kuh!

Wie aber kam Kepler auf den Roten Fleck des Jupiter? Er hatte Galilei mehrmals gebeten, ihm ein Fernrohr zur Verfügung zu stellen, doch der hatte die Bitte immer überhört. Im Sommer 1610 weilte der Kurfürst Ernst von Köln, Herzog von Bayern, in Prag. Ihm hatte Galilei eines seiner Fernrohre geschenkt. Damit durfte Kepler vom 30. August bis zum 9. September beobachten. Aber das primitive Instrument reichte keinesfalls aus, um Jupiters Roten Fleck zu erkennen. Auf diesen beständigen Wirbelsturm wurde erst am 9. Juli 1878 der amerikanische Astronom Carr. W. Pritchett aufmerksam. Auf Zeichnungen früherer Beobachter lässt sich der Fleck bis 1831 zurückverfolgen, möglicherweise sogar bis in das Jahr 1664. Da lag Kepler aber schon seit 34 Jahren unter der Erde. Beim Versuch, Galileis Anagramm zu entschlüsseln, hatte er zufälligerweise einen Satz formuliert, der sich erst sehr viel später als wahr erweisen sollte.

... und das ist schier unglaublich.

Die erstaunlichen Entdeckungen der Uranusringe

Seine Freunde nannten ihn Bepi, und deshalb trägt die von der Europäischen Raumfahrtbehörde ESA geplante Planetensonde, die im Jahre 2012 den Merkur erreichen soll, den Namen *Bepi Colombo*. Das Arbeitsgebiet des italienischen Astronomen Giuseppe Colombo (1920–1985) war die Himmelsmechanik. Er lehrte an den Universitäten von Pisa und Padua, war ein überall gefragter Mann, und seine engen Beziehungen zu amerikanischen Instituten zwangen ihn, oft zwischen seiner Heimat und Amerika hin- und herzupendeln. Auch die Päpstliche Akademie der Wissenschaften zählte ihn zu ihren Mitgliedern. Er war es, der für die europäische Kometensonde, die im Jahre 1986 nahe am Halleyschen Kometen vorbeiflog, den Namen *Giotto* vorschlug, nach dem italienischen Maler und Baumeister Giotto di Bondone. Dieser hatte in seinem um 1304 entstandenen Fresko „Die Anbetung der Weisen aus dem Morgenland“ den Weihnachtsstern als Kometen gemalt. Wahrscheinlich hatte ihn der im Jahre 1301 sichtbare Halleysche Komet dazu angeregt.

Eine Entdeckung in der Eisenbahn

Colombo spielt in meiner Sammlung astronomischer Merkwürdigkeiten eine besondere Rolle. Es geht um eine Entdeckung, die er weder in der Nacht am Fernrohr noch bei Tage am Computer machte. Er saß im Jahre 1977 vielmehr in der Eisenbahn und blätterte in einem alten Heft des „Astrophysical Journal“, der berühmten amerikanischen Fachzeitschrift. Dort stieß er auf ein Bild des Planeten Uranus aus dem Jahre 1970, aufgenommen vom unbemannten Ballon des Projektes *Stratoscope*.

Astronomen der Sternwarte in Princeton unter der Leitung von Martin Schwarzschild (1912–1997) hatten damit von der Stratosphäre aus Planeten beobachtet; von dort, wo die Luft so dünn ist,

Giuseppe Colombo (1920–1985)

dass ihre Bewegung die Bilder im Fernrohr nicht mehr zittern lässt. Schon in den fünfziger Jahren hatte das Team mit einem unbemannten Ballon, der aus einer Höhe von 24 000 Metern die Sonne fotografierte, Detailaufnahmen der Sonnenoberfläche gewonnen. Im Jahre 1963 starteten Schwarzschild und sein Mitarbeiter, Robert E. Danielson, das Projekt *Stratoscope II,* bei dem Planeten mit einem 91-Zentimeter-Spiegel vom Ballon aus aufgenommen wurden. In dem Heft, das Colombo auf dem Schoß hatte, berichteten Danielson und seine Mitarbeiter über die Ballonbeobachtungen des Planeten Uranus. Die dort reproduzierten Bilder der Planetenscheibe zeigten kaum Details der Uranusoberfläche. Aber plötzlich sah Colombo etwas, das während der letzten sieben Jahre niemand bemerkt hatte; es erinnerte ihn an eine Entdeckung, die erst wenige Monate zuvor die Planetenforscher auf der ganzen Welt überrascht hatte.

Wie sich die Ringe verraten haben

Am 10. März 1977 bewegte sich Uranus vor einem unscheinbaren Stern neunter Größe vorbei, der den Katalognamen SAO 158687 trägt. Die Erscheinung war vom Indischen Ozean aus und von einigen angrenzenden Landregionen zu beobachten. Man wusste:

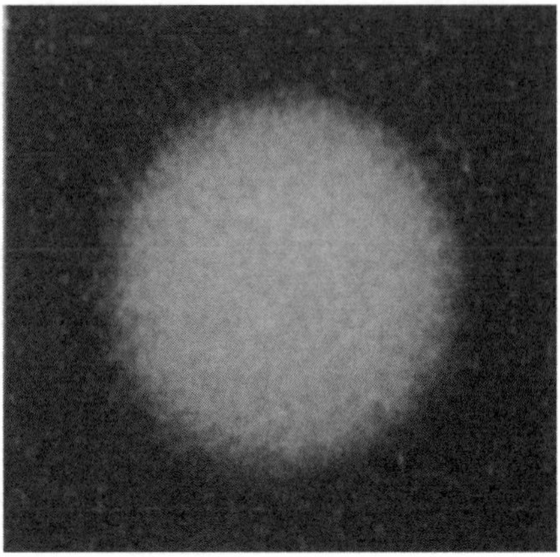

Das Uranusbild, das Stratoscope II *im März 1970 gewann.*

Kurz bevor der Stern hinter der Planetenscheibe verschwinden wird, geht das Licht des Sterns durch die Uranusatmosphäre, und ehe es vollständig verschwindet, durchläuft es deren dichteste Schichten. Das gibt Gelegenheit herauszufinden, welche Temperaturen dort herrschen.

Die Bedeckung wurde vom Erdboden aus von der Sternwarte Perth in Australien verfolgt, wie auch vom *Kuiper Airborn Observatory* (KOA). Das war ein Observatorium in einem Flugzeug, das die Beobachter in Höhen um 13000 Meter brachte, wo der Wasserdampf der Erdatmosphäre die Messungen im infraroten Licht nicht mehr störte. Die Instrumente an Bord registrierten die Helligkeitsänderungen des Sterns, ehe er hinter der Planetenscheibe verschwand. Plötzlich, 35 Minuten vor der Bedeckung, wurde das Sternchen für einige Sekunden schwächer, vier Minuten danach noch zweimal und dann wieder zweimal. Schließlich verschwand der Stern für 25 Minuten hinter der Planetenscheibe. Nachdem er wieder hervorgekommen war, verschwand er noch fünfmal für Sekunden.

Beobachter der Sternwarten in Perth und Kapstadt hatten die Erscheinung gleichfalls wahrgenommen. Seither wissen wir, dass Uranus von Ringen aus Gesteinsbrocken umgeben ist, die das Lichtpünktchen des fernen Sterns für Sekunden abgedeckt und so zu der Verdunklung geführt hatten.

Und keiner hatte es gesehen

Dies also wusste Colombo bereits, als er in der Zeitschrift das Uranusbild erblickte – und plötzlich fiel es ihm wie Schuppen von den Augen: Das linke obere Segment der Planetenscheibe ist etwas dunkler als der Rest. Der Unterschied ist zwar nicht groß, aber doch erkennbar. Ich wundere mich, denn wenn ich das Bild in der Zeitschrift betrachte, kann ich kaum etwas davon sehen. Ich bin eben kein Bepi Colombo. Er war sofort überzeugt, dass der Staub im Ringsystem das vom Uranus zurückgestrahlte Sonnenlicht schwächt.

Tatsächlich standen die Ringe des Uranus zum Zeitpunkt der Aufnahme gerade so, dass sie für Beobachter auf der Erde vor der Planetenscheibe vorüberzogen. Das ist nicht selbstverständlich, denn im darauf folgenden Vierteljahrhundert blickten wir so auf Uranus, dass ihn seine Ringe außerhalb seiner Scheibe umgaben. Erst seit wenigen Jahren durchschneiden sie die Scheibe wieder.

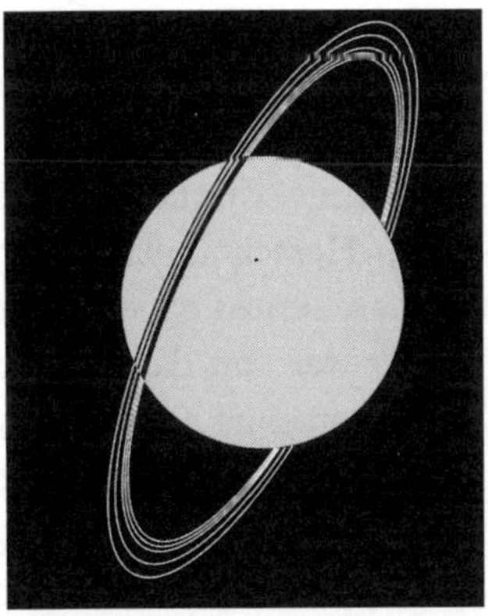

Die Stellung der Ringe des Uranus zur Zeit der Aufnahme des Stratoscope-*Ballons.*

Colombo setzte sich mit dem Team von *Stratoscope II* in Princeton in Verbindung. Mein Freund Bob Danielson war ein Jahr zuvor gestorben, doch seine früheren Mitarbeiter konnten anhand der in Princeton aufbewahrten Originalaufnahmen die reale Existenz der Abschattung bestätigen. Sie war zwar bei der Auswertung der

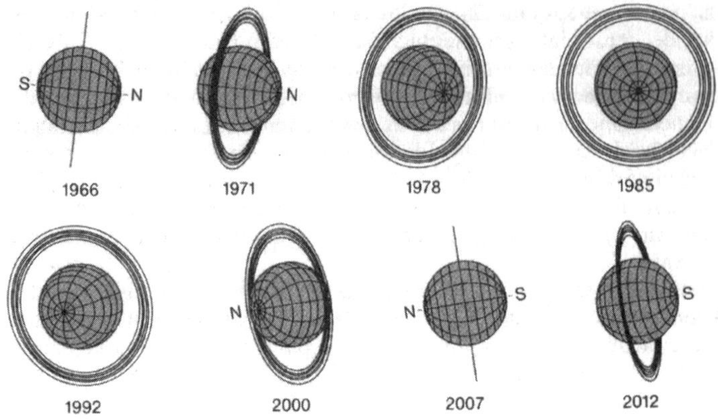

Die Stellung der Uranusringe von der Erde aus gesehen zwischen 1966 und 2012.

Beobachtungen aufgefallen, doch war man dem nicht weiter nachgegangen. Die neuerliche Überprüfung der alten Aufnahmen ergab, dass Colombo Recht hatte. Auf den Originalbildern ist die Abschattung durch Ringe eindeutig zu erkennen! Inzwischen hat man das Ringsystem im infraroten Licht auch von der Erdoberfläche aus beobachten können.

In diesem Zusammenhang erinnerte man sich, dass der Entdecker des Uranus, William Herschel, glaubte, 1787 und 1789 zwei Ringe um den Planeten gesehen zu haben. Aber 1798 konnte er sie nicht mehr sehen, und er war von da an überzeugt, dass er sich getäuscht haben müsse. Allerdings hatte der Münchner Astronom Felix Schmeidler, nachdem man Größe und Orientierung der Ringe kannte, herausgefunden, dass sie um 1788 tatsächlich so gestanden hatten, wie sie Herschel gesehen haben will. Zehn Jahre später aber standen sie so, dass Herschel genau von der Seite auf sie blickte und sie daher nicht wahrnehmen konnte. Trotzdem bleibt es unwahrscheinlich, dass Herschel sie im Fernrohr gesehen hat.

Es ist erstaunlich: Da ist die vom Ringsystem hervorgerufene Abschattung auf der Uranusscheibe erkennbar auf einem Bild, das sieben Jahre lang in der meistgelesenen astronomischen Fachzeitschrift vor aller Augen lag.

... und keiner hat sie bemerkt.

Raumsonden auf Schleuderkurs

Als ich im Studium begann, mich ernsthaft mit der Astronomie zu befassen, wurde sie von der Astrophysik beherrscht. Demgegenüber galten ihre klassischen Zweige wie die Himmelsmechanik als ausgereift und wenig aufregend. Das Wesentliche dazu hatten bereits die Astronomen des 19. Jahrhunderts geleistet. Die Bewegungen der Himmelskörper zu berechnen, war Routinearbeit geworden. Erst als von Menschen gebaute Himmelskörper das Sonnensystem durchstreiften, erlebte die Himmelsmechanik eine Renaissance. So wurde es plötzlich für die Sonnenphysiker wichtig, das Sonnenobservatorium *SOHO* an einem Punkt zwischen Sonne und Erde festzuhalten, den schon 200 Jahre zuvor der französische Himmelsmechaniker Joseph Louis Lagrange berechnet hatte.

Kometen als Vorbild

Eine für die Erkundung unseres Sonnensystems entscheidende himmelsmechanische Technik haben wir den Kometen abgeschaut. Sie kommen von irgendwo aus den Weiten des Sonnensystems und nähern sich der Sonne auf einer Bahn, die einer Parabel ähnelt, ereichen ihre größte Geschwindigkeit, wenn sie um die Sonne herumschwingen, und entschwinden danach wieder in jene Fernen, aus denen sie gekommen sind. Jedenfalls ist es fast immer so. Nur wenn einer der großen Planeten einen hinter ihm fliegenden Kometen mit seiner Schwerkraft beeinflusst, kann dieser danach die Sonne in einer Ellipse umrunden. Er ist dann zum periodischen Kometen geworden, wie etwa der Halleysche Komet, den wahrscheinlich vor langer Zeit der Planet Neptun auf eine lang gestreckte Ellipsenbahn gezwungen hat.

Jupiter, der Planet mit der größten Masse, hat an die 70 Kometen eingefangen, die innerhalb von fünf bis elf Jahren ihre Bahnen durchlaufen. Ihre sonnenfernsten Bahnpunkte liegen alle in der Nähe der Jupiterbahn. Doch Jupiter kann nicht nur Kometen einfangen, er kann eingefangene Kometen, die vor ihm seine Bahn kreuzen, auch wieder nach außen schleudern. So erging es dem im Sommer 1770 entdeckten Kometen Lexell. Er war offensichtlich zuvor von Jupiter eingefangen worden und durchlief nunmehr eine elliptische Bahn. Im Jahre 1779 aber hatte er eine zweite Begegnung mit Jupiter, der ihn in die äußeren Bereiche des Sonnensystems, bis zur Bahn des Pluto schleuderte.

Vordenker der Weltraumfahrt wie Walter Hohmann in Deutschland und der österreichische Ingenieur Guide von Pirquet kamen in den zwanziger Jahren des letzten Jahrhunderts auf die Idee, Raumfahrzeuge von Planeten beschleunigen zu lassen. Doch erst ein halbes Jahrhundert später gelang es, mit dieser Technik die Raumsonde *Voyager 2* von Jupiter in die Entfernung der Neptunbahn schleudern zu lassen.

Der amerikanische Astronom Carl Sagan beklagte einmal, dass die Frauen und Männer, die *Voyager 2* bis zum Neptun navigierten, der Öffentlichkeit nicht näher gebracht worden sind. „Ihre Köpfe gehören auf Briefmarken“, meinte er, denn *Voyager 2* führte die größte Reise aus, die ein von Menschen gefertigtes Gefährt jemals unternommen hat. Allen voran gehört ein Mann auf die Briefmarke, der im Sommer 1965, gerade erst 30 Jahre alt geworden, an seiner Doktorarbeit saß.

Voyager auf großer Tour

Der Student Gary A. Flandro arbeitete am Jet Propulsion Laboratory in Pasadena, als ihn sein Chef, Elliot Cutting, bat, herauszufinden, wie eine Raumsonde die großen Planeten Jupiter, Saturn, Uranus und Neptun erreichen könne. Das war am Anfang der Weltraumforschung. Erst ein Jahr danach landete eine sowjetische *Luna*-Sonde sanft auf dem Mond, erst vier Jahre später sollten *Apollo*-Astronauten auf dem Mond spazieren gehen. Der Student Flandro studierte die Arbeiten der klassischen Himmelsmechaniker und stellte dabei fest, dass sie das mathematische Rüstzeug, das er zur Lösung seiner Aufgabe benötigte, bereits zur Verfügung gestellt hatten.

Gary A. Flandro berechnete als Doktorand den Starttermin und die Bahn der Planetensonde Voyager 2, *damit sie Neptun in nur 12 Jahren erreichen konnte.*

Flandro ging an den Computer und berechnete an die 1000 Bahnen. Dabei fand er, dass eine Sonde, zur richtigen Zeit gestartet, Neptun bereits nach zwölf Jahren erreichen könnte, wenn sie sich unterwegs von Jupiter und den anderen großen Planeten weiter nach außen schleudern ließe. Ohne den Schleudermechanismus würde eine Sonde zum Neptun 40 Jahre benötigen.

In einer am 18. April 1966 bei der Redaktion der Zeitschrift „Astronautica Acta" eingegangenen Arbeit beschrieb Flandro mehrere Möglichkeiten, die äußeren Planeten zu erreichen, wenn die von ihm errechneten Starttermine eingehalten würden. Es genügt ja nicht, die Sonde in die richtige Richtung loszuschießen, beim Erreichen einer bestimmten Planetenbahn muss auch der Planet selbst an Ort und Stelle sein und nicht irgendwo anders auf seiner Bahn. Flandro schlug auch eine Begegnung mit Jupiter und Pluto vor sowie eine Bahn, die an Jupiter, Saturn, Uranus und Neptun vorbeiführt. Er gab ihr den Namen „Grand Tour".

Es war gerade diese Bahn, der schließlich die am 20. August 1977 gestartete Sonde *Voyager 2* folgte, die nach Besuchen bei Jupi-

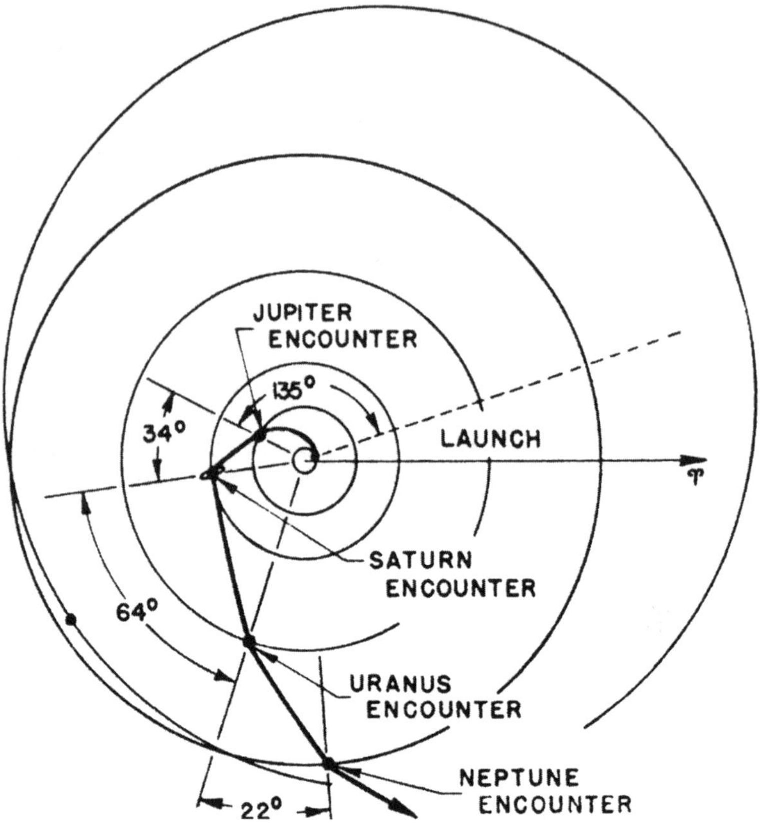

Die Originalzeichnung aus der Arbeit von Gary A. Flandro mit der geplanten Bahn, der die Sonde Voyager 2 *ein Jahrzehnt später folgen sollte.*

ter, Saturn und Uranus schließlich am 24. August 1989 an Neptun vorbeiflog und mittlerweile unser Sonnensystem verlassen hat. Im Jahre 1998 wurde Flandro, inzwischen wohlbestallter Professor an der Universität von Tennessee, mit der „Exceptional Achievement-Medaille" der NASA ausgezeichnet, denn er hatte die Navigation von *Voyager* vorgeplant. Seither hat sich der Schleudermechanismus mehrfach bewährt, die Jupitersonde *Galileo* und die Saturnsonde *Cassini* haben sich auf diese Art Schwung von der Venus geholt.

Ein Perpetuum mobile?

Energie aus der Bewegung der Planeten zu gewinnen, klingt das nicht wie ein Perpetuum mobile, bei dem Energie angeblich aus dem Nichts gewonnen wird? Nein, wenn Jupiter eine Sonde in den Außenraum unseres Planetensystems schleudert, dann verliert er selbst Energie, das heißt er nähert sich geringfügig der Sonne, der Schleudermechanismus verändert die Jupiterbahn. So ist es kein Wunder, dass die Naturschützer der dafür gegründeten „Gesellschaft zur Bewahrung der Bahn des Jupiter" in Pasadena schon frühzeitig protestierten. Sie hatten zwar Recht, aber sie hatten nicht gerechnet. Nachdem sich inzwischen zwei *Voyager*-Sonden von Jupiter Energie geholt haben, ist der Planet tatsächlich der Sonne etwas näher gerückt. Allerdings hat sich sein Abstand von 778 Millionen Kilometer nur um weniger als den Durchmesser eines Wasserstoffatoms verringert. Die Naturschützer können beruhigt sein. Selbst wenn man die gesamte Masse des Erde-Mond-Systems – mehr Nutzlast werden wir in absehbarer Zeit nicht zur Verfügung haben – von Jupiter aus dem Sonnensystem hinausschleudern ließe, sein Bahnradius würde nur um ein halbes Prozent schrumpfen.

... und das lassen sie gerade noch durchgehen.

Der geniale Carl Friedrich Gauß

Neujahrstag 1801. Wenige Nächte zuvor war Neumond gewesen, und so störte kein Mondlicht den Beobachter im Turm der Sternwarte von Palermo. Der Direktor, der Astronom und Theologe Giuseppe Piazzi, bestimmte an diesem Abend die Positionen einiger Sterne im Sternbild Stier für seinen Sternkatalog, an dem er schon seit neun Jahren arbeitete und der nach der Fertigstellung die Koordinaten von 7500 Fixsternen enthalten sollte. Üblicherweise überprüfte er die Messungen in vier weiteren Nächten, bevor er sie für seinen Katalog verwendete – damals standen die Institutsdirektoren noch in jeder klaren Nacht selbst hinter ihrem Fernrohr.

Ein neuer Planet?

Schon bei der zweiten Beobachtung bemerkte Piazzi, dass sich einer der Sterne ein Stückchen nach Westen bewegt hatte. Da das Objekt keinen Schweif zeigte, konnte es kein Komet sein. Er verfolgte die Erscheinung weiter, doch am 11. Februar erkrankte er. Zwar hatte er zuvor anderen Astronomen von seiner Entdeckung geschrieben, doch noch ehe die Empfänger die Nachricht erhalten hatten, war der rätselhafte Himmelskörper an den Taghimmel gewandert und konnte vorläufig nicht mehr beobachtet werden. Piazzis Beobachtungen waren zu spärlich, um mit ihnen die Bahn und damit vielleicht auch die Natur des Körpers bestimmen zu können. Eifrig versuchten die Astronomen, aus Piazzis Daten herauszulesen, wie sich der neue Körper bewegte und wo man ihn suchen musste, wenn er wieder am Nachthimmel auftauchen würde. Doch da sie seine Bahn nicht genau kannten, war das unmöglich. War der neue Himmelskörper, kaum entdeckt, schon wieder verloren?

In Jena war inzwischen ein junger Philosoph namens Georg Wilhelm Friedrich Hegel in seiner Doktorarbeit zu dem Schluss gekommen, dass aus logischen Gründen nicht mehr als sieben Planeten die Sonne umkreisen könnten. Mit den damals bekannten Planeten Merkur, Venus, Erde, Mars, Jupiter, Saturn und Uranus war dieses Maß bereits voll.

Gauß, der Mathematiker

Es war das Genie eines jungen Mathematikers aus Braunschweig, das den verschwundenen Stern wieder in die Gesichtsfelder der astronomischen Fernrohre brachte. Carl Friedrich Gauß, im Jahre 1777 geboren, wuchs in einfachen Verhältnissen auf. In der Schule merkten die Lehrer bald, wie begabt er war, und so wurde er im Alter von 14 Jahren seinem Landesherrn vorgestellt, dem Herzog Carl Ferdinand von Braunschweig. Dieser gewährte dem Jungen daraufhin ein Stipendium, das es ihm ermöglichte, im Alter von 15 Jahren das Collegium Carolinum in Braunschweig zu besuchen, aus dem später die heutige Technische Universität hervorging.

Zu dieser Zeit begann die mathematische Schaffensperiode des jungen Gauß. Er beschäftigte sich mit Problemen der Zahlentheorie, wie etwa mit der Häufigkeitsverteilung der Primzahlen. Im Alter von 18 Jahren schrieb er sich an der Göttinger Universität

Die Göttinger Sternwarte im Jahre 1816

ein. In dieser Zeit gelang es ihm zu zeigen, wie man mit Zirkel und Lineal ein regelmäßiges Siebzehneck konstruieren kann, was vor ihm noch keiner geschafft hatte. Von da an folgte eine Fülle mathematischer Entdeckungen, die er in seinem „Notizen-Journal“ aufzeichnete. Er war ein hervorragender Zahlenrechner und stieß durch Probieren auf Gesetzmäßigkeiten, die er anschließend bewies. Im Jahre 1799 promovierte er an der damaligen Landesuniversität in Helmstedt. Zwei Jahre später erschienen seine „Disquisitiones arithmeticae“, in denen er die Grundlagen der Zahlentheorie darlegt. Das Werk beschäftigte noch die Mathematiker der nachfolgenden Jahrzehnte und weit darüber hinaus.

Gauß, der Astronom

Im Jahre 1801 erfuhr Gauß von Piazzis Entdeckung. Dieser hatte dem neuen Himmelskörper den Namen Ceres, der Schutzgöttin von Sizilien, gegeben. Der junge Gauß ersann eine neue Rechenmethode zur Bestimmung einer Planetenbahn aus mindestens drei Beobachtungen.

Beobachtungsfehler erschwerten die Berechnung der genauen Bahnellipse und ließen nur die wahrscheinlichste aller Bahnen finden. Doch das genügte Gauß, um vorauszusagen, wo man Ceres am Himmel suchen musste. Von November 1801 an suchten die Astronomen an der von Gauß vorausgesagten Stelle am Himmel nach Ceres, doch schlechtes Wetter behinderte sie. Aber gegen Ende des Jahres setzte in Deutschland Frost ein, Nebel und Wolken gaben den Nachthimmel frei. Im darauf folgenden Jahr konnte der Direktor der Sternwarte in Gotha, Franz Xaver von Zach, den neuen Planeten nahe bei dem von Gauß vorhergesagten Ort wieder auffinden.

Bald entdeckten die Astronomen ähnliche neue Körper, deren Bahnen mit der Gaußschen Methode berechnet wurden. Es sind *Kleine Planeten* oder *Asteroiden*, von denen die Astronomen inzwischen Tausende zwischen den Bahnen von Mars und Jupiter gefunden haben. Die Durchmesser der größten betragen etwa 1000 Kilometer, die der kleinsten bekannten einige hundert Meter.

Mit der Berechnung der Ceres-Bahn begann die astronomische Schaffensperiode von Gauß. Im Jahre 1807 erhielt er einen Ruf als Professor für Astronomie nach Göttingen und zog bald danach in die neue, damals vor den Toren Göttingens gelegene Sternwarte. In ihr wohnte und arbeitete Gauß. Er starb im Februar 1855.

Gauß, der Geodät

Anfang des 19. Jahrhunderts fragten sich die Gelehrten, ob die Erde wohl eine exakte Kugel sei. Wie konnte man ihre genaue Form bestimmen? Im Jahre 1809 schrieb Gauß in einem Brief: „Ich habe den Plan, einst das ganze Land mit einem Dreiecksnetz zu beziehen." Noch in Braunschweig vermaß er die Umgebung und untersuchte später die Möglichkeiten, krumme Flächen wie die der Erde auf eine ebene Landkarte abzubilden. Im Jahre 1821 begann er mit der Landesvermessung des Königreichs Hannover.

Gauß, der Physiker

Als Physiker arbeitete er eng mit dem 27 Jahre jüngeren Göttinger Experimentalphysiker Wilhelm Eduard Weber (1804–1891) zusammen. Gauß entwickelte grundlegende Teile der Potenzialtheorie, die die elektrischen und magnetischen Felder im leeren Raum beschreibt. Es gelang ihm, im Garten der Göttinger Sternwarte ein Observatorium zur Überwachung des Erdmagnetismus zu errichten. Jahrzehntelang wurde dort die zeitliche Variation des Erdmagnetfeldes registriert.

In Zusammenarbeit mit Weber entstand der erste elektromagnetische Telegraf. Ein von Hand bewegter Magnet erzeugte in einer Spule Stromstöße, die eine Leitung aus Eisendraht über die Dächer der Stadt hinweg von der Sternwarte in das einen Kilometer entfernte physikalische Institut führte. Am Empfangsort erzeugten die Ströme ein Magnetfeld, das einen nach Nord-Süd ausgerichteten langen Stabmagneten nach links oder rechts auslenkte. Die beiden Erfinder dachten sich dazu einen Code aus, der den Folgen von

Carl Friedrich Gauß im fortgeschrittenen Alter vor dem Eingang seiner Göttinger Sternwarte.

Drehungen die Buchstaben des Alphabets zuordnete. Die erste so übermittelte Nachricht kündigte an, dass der Hausmeister in Kürze beim anderen Institut eintreffen werde. Doch als sie den Text „Michelmann kömmt“ dort entschlüsselt hatten, war Michelmann längst da.

Die Sonne bracht' es an den Tag

Ich habe es schon immer allen gesagt, die es wissen wollten, aber auch den anderen: Die Astronomie ist kein Orchideenfach, sie ist handfeste Physik, ja sie hilft uns sogar, neue Naturgesetze zu erkennen. Das war schon früher so. Isaac Newton hat die Grundgesetze der Mechanik und das Gravitationsgesetz aus den Bewegungen von Mond und Planeten herausgelesen. Und im vergangenen Jahrhundert haben wir auch von der Sonne neue Physik gelernt.

Der Kernreaktor Sonne

In den 1920er-Jahren zeigte ein Astrophysiker, dass an der Physik der damaligen Zeit etwas nicht stimmen konnte. Marie und Pierre Curie hatten kurz nach der Jahrhundertwende entdeckt, dass radioaktive Stoffe beim Zerfall Wärme abgeben, und Albert Einstein hatte bereits 1905 darauf hingewiesen, dass bei Kernreaktionen möglicherweise Masse in Energie umgewandelt wird. Damit hatte man eine nahezu unerschöpfliche Energiequelle gefunden, die vielleicht ein astronomisches Problem lösen konnte: Woher nimmt die Sonne ihre Energie?

Dass es keine chemische Energie sein konnte, wusste man, denn selbst wenn die Sonne vollständig aus Kohle und Sauerstoff bestünde, würde ein solcher Ofen nur einige tausend Jahre brennen. Der englische Astrophysiker Arthur Eddington, wir werden auf ihn noch im Artikel „Wie David und Goliath" auf S. 145 zurückkommen, war überzeugt davon, dass nur die Energie von Kernreaktionen die Sonne über Jahrmilliarden leuchten lassen könne. Doch die Sache hatte einen Haken.

Atomkerne sind positiv geladen und stoßen einander ab. Als Eddington seine ersten Sonnenmodelle berechnete, hatten diese im Zentrum Temperaturen von etwa 40 Millionen Grad, moderne Sternmodelle liefern aber nur Temperaturen, die bei 16 Millionen Grad liegen. Die Geschwindigkeiten, die den von Eddington berechneten und erst recht zu den neuen Temperaturen gehören, reichen nach der klassischen Physik nicht aus, um die Atomkerne beim Zusammenstoß hinreichend nahe aneinander zu bringen, um sie miteinander reagieren zu lassen. Die elektrische Abstoßung treibt sie wieder auseinander. Für Kernreaktionen wären schon Temperaturen im Bereich von Milliarden Grad nötig.

Trotzdem schrieb Eddington in seinem im Jahre 1926 erschienenen klassischen Buch über den inneren Aufbau der Sterne, dass die Sonnenenergie Kernenergie sein müsse, auch wenn das Sonneninnere dafür nicht heiß genug zu sein schien. Zwei Jahre später entdeckten Erwin Schrödinger und Werner Heisenberg die Quantenmechanik, die zeigte, dass im atomaren Bereich auch Prozesse ablaufen können, die die klassische Physik nicht erlaubt. Es waren dann die Physiker Robert Atkinson und Fritz Houtermans, die im Jahre 1929 nachwiesen, dass quantenmechanische Effekte das Verschmelzen der Atomkerne in den Sternen so sehr erleichtern, dass Kernreaktionen die Abstrahlung der Sonne ohne weiteres über Jahrmilliarden bestreiten könnten. Schon vor der Entdeckung der Quantenmechanik hatten die Sonnenmodelle also nahe gelegt, dass an der zeitgenössischen Physik etwas nicht stimmte.

Ein neues Elementarteilchen

Die zweite Hälfte des vergangenen Jahrhunderts brachte ein neues Sonnenrätsel. Inzwischen war es möglich geworden, Sterne und vor allem die Sonne auf Computern zu simulieren. Damit ergab sich die Möglichkeit, die physikalischen Eigenschaften der Sternmaterie detailliert in die Computermodelle einzubauen. Es gelang, die zeitliche Entwicklung der Sterne im Computer zu verfolgen, in der sich in ihrem Inneren der Kernbrennstoff erschöpft. Im Großen und Ganzen stimmten die Computerrechnungen mit den Beobachtungen an Sternen überein. Die Welt schien in Ordnung zu sein – fast.

Im Jahre 1931 war es dem Physiker Wolfgang Pauli gelungen, ein physikalisches Problem des Zerfalls radioaktiver Atomkerne dadurch zu lösen, dass er ein hypothetisches Elementarteilchen

Bruno Pontecorvo (1913–1993)

einführte, das *Neutrino*. Erst 25 Jahre später wurde es im Experiment nachgewiesen. Neutrinos haben eine so geringe Wechselwirkung mit anderen Teilchen, dass sie Materie praktisch ungehindert durchdringen. Neutrinos entstehen auch bei den Kernreaktionen in der Sonne, wenn Atomkerne des Wasserstoffs zu Heliumkernen verschmelzen. Sie gelangen aus dem Zentralgebiet der Sonne mühelos zur Oberfläche und erreichen mit Lichtgeschwindigkeit auch die Erde. Man kann die alles durchdringenden Neutrinostrahlen weder mit Linsen noch mit Spiegeln sammeln. In der Sekunde treffen die Erde pro Quadratzentimeter etwa 66 Milliarden Sonnenneutrinos. Sie werden auch von der Materie der gesamten Erdkugel nicht aufgehalten. Mittags kommen sie von oben, nachts von unten.

Die Idee, Neutrinos von der Sonne zu untersuchen und damit Einzelheiten über ihr Inneres zu erfahren, geht auf einen italienischen Physiker zurück, der eine abenteuerliche Biografie hat. Bruno Pontecorvo (1913–1993) gehörte in den 1930er-Jahren dem Team des großen Enrico Fermi an, der während des Zweiten Weltkrieges in Chicago den ersten Kernreaktor baute. Pontecorvo verließ im Jahre 1936 das faschistische Italien und arbeitete anfangs in Frankreich, später in den USA und nach dem Krieg in England. Im Jahre 1950, mitten im Kalten Krieg, kehrten er und seine Familie von einer Urlaubsreise in das heimatliche Italien nicht zurück.

Erst fünf Jahre später erfuhr die Welt, dass er im sowjetischen Atomforschungszentrum in Dubna arbeitete. Dort starb er im Jahre 1993. Pontecorvo hatte bereits im Jahre 1961 vorgeschlagen, die Neutrinos der Sonne auf eine spezielle Atomsorte des Elements Chlor einwirken zu lassen, denn so ganz durchsichtig ist die irdische Materie für die Sonnenneutrinos doch nicht. Einige wenige Atomsorten werden durch vorbeikommende Neutrinos in Mitleidenschaft gezogen. Das bekannteste Atom unter ihnen ist das Chloratom. Es nimmt zwar sehr selten, aber doch gelegentlich ein Neutrino auf und verwandelt sich unter Abgabe eines Elektrons in ein Argonatom.

Wechselhafte Neutrinos

Raymond Davis von der Universität von Maryland setzte deshalb Chlor den Neutrinos der Sonne aus. Dazu benutzte er einen Tank mit 460 000 Litern der Verbindung Perchloräthylen. Um Störreaktionen durch Teilchen der kosmischen Strahlung zu verhindern, baute man die Anlage in einer alten Goldmine – etwa 1500 Meter unter der Erdoberfläche. Im Mittel sollte alle sechs Tage ein Chloratom von einem Sonnenneutrino in ein Argonatom umgewandelt werden. Das Ergebnis war enttäuschend, nur etwa ein Drittel der erwarteten Umwandlungen wurde registriert. Spätere Experimente, bei denen zum Beispiel Gallium tonnenweise den Sonnenneutrinos ausgesetzt wurde, bestätigten dies: Es kamen wesentlich weniger Neutrinos bei uns an, als die Sonnenmodelle erwarten ließen. Lag der Fehler bei den Astrophysikern?

„Die Diskrepanz hat die Theorie der Sternentwicklung in eine Krise geführt!", resümierten 1976 Raymond Davis und der in Princeton arbeitende amerikanische Astrophysiker John Bahcall und drückten ihre Zweifel an den Sonnenmodellen aus. Aber schon um 1969 hatte Bahcall auf einen Vorschlag hingewiesen, der auf zwei in der Sowjetunion arbeitende Physiker zurückging, einer von ihnen war wieder Bruno Pontecorvo: Zerfällt vielleicht ein Teil der Neutrinos auf dem acht Minuten währenden Weg zur Erde? Im Jahre 1973 erschien in der Zeitschrift „Sterne und Weltraum" eine

Raymond Davis (links) und John Bahcall in den 1960er-Jahren vor dem Tank des ersten Chlorexperimentes.

Glosse aus der Feder eines erbosten deutschen Astrophysikers. Sie endete mit den Worten: „Mit fortschreitender Zivilisation zeigt der Mensch Degenerationserscheinungen, auch wir Astrophysiker leiden unter einer Schwäche: Wir können die Tinte nicht halten." Der zornige Schreiberling hatte nicht begriffen, dass Bahcall ja damit andeutete, dass die Schuld vielleicht doch nicht bei den Astrophysikern liege, sondern bei den Physikern, die ihre Neutrinos noch nicht genau genug verstanden hatten.

Die Geschichte gab Bahcall recht: Aus der Sonne kommt nur eine bestimmte Neutrinoart, das so genannte Elektron-Neutrino. Dieses kann sich danach sporadisch in eine andere Neutrinoart umwandeln, vielleicht in ein My-Neutrino oder in ein Tau-Neutrino. Die Experimente aber registrieren von den ankommenden Teilchen nur die Elektron-Neutrinos. Das war die Lösung! Die Sonnenmodelle der Astrophysiker waren richtig, die Welt war in Ordnung. Die Sonne hatte einen Fehler in den Vorstellungen der Physiker über das Neutrino zutage gefördert. John Bahcall hatte schon vor 30 Jahren die Lösung des Rätsels der fehlenden Sonnenneutrinos in der richtigen Richtung vermutet. Bahcall, den ich seit vielen Jahren kannte und mit dem ich vor einigen Jahren in Zusammenhang mit dem Artikel auf Seite 134 dieses Buches in einen engen Briefkontakt per E-Mail trat, starb im Sommer des Jahres 2005. Übrigens: Der zornige Schreiberling in „Sterne und Weltraum" war ich.

Wie Pluto zu seinem Namen kam

Im Jahre 1781 entdeckte William Herschel den Planeten Uranus, der sich weit außerhalb der Bahnen der bis dahin bekannten Planeten um die Sonne bewegt. Noch ehe der neue Planet den nächsten Umlauf um die Sonne vollendet hatte, bemerkten die Astronomen, dass mit ihm etwas nicht stimmte. Er bewegte sich nicht genau so, wie es die Gesetze der Himmelsmechanik vorschrieben. Sollten diese Gesetze falsch sein? Oder gab es einen noch unbekannten weiteren Planeten, dessen Anziehungskraft die Bewegung des Uranus störte?

Wo im Raum müsste dieser Planet stehen? Ohne voneinander zu wissen, versuchten Urbain Jean Joseph Leverrier in Frankreich und John Couch Adams in England, dies herauszufinden. Beide kamen zum gleichen Ergebnis. Im September 1846 schrieb Leverrier nach Berlin, wo die damals beste Sternkarte gerade gedruckt wurde. Tatsächlich fand der Berliner Astronom Johann Gottfried Galle an der vorausberechneten Stelle den Planeten, der später den Namen Neptun erhielt. Er war der Übeltäter, der mit seiner Schwerkraft Uranus einmal in die eine, dann wieder in die andere Richtung zog. Die Welt der Himmelsmechaniker war wieder in Ordnung – fast.

Die Jagd nach dem Planeten X

Als die Astronomen verfolgten, wie Neptun am Himmel an den Fixsternen vorbeiwandert, schien es, als ob auch der neue Planet sich nicht genau so bewegte, wie es sich gehört. Sollte es weiter draußen noch einen Planeten geben, der mit seiner Anziehungskraft an Neptun zieht und zerrt? Damit begann die Jagd nach dem Planeten X, dem großen Unbekannten.

Es war vor allem der Astronom Percival Lowell (1855–1916), der Erbauer der Sternwarte in Flagstaff im US-Staat Arizona, der rechnete und rechnete, wo am Himmel die Astronomen mit ihren Fernrohren nach dem Planeten X suchen müssten. Doch bis zu

Clyde Tombaugh (1904–1997), hier zu der Zeit, als er den Planeten Pluto entdeckte.

seinem Tod im Jahre 1916 fand ihn keiner. Aber die Astronomen der Sternwarte in Flagstaff suchten weiter.

Im Jahre 1929 stellten sie den 23-jährigen Amateurastronomen Clyde Tombaugh aus Texas ein. Er sollte zu verschiedenen Zeiten aufgenommene Fotoplatten derselben Himmelsgegend miteinander vergleichen. Hatte sich in der Zwischenzeit ein Sternchen so verschoben, wie es bei einem sich weit draußen bewegenden Planeten zu erwarten war? Bei den Aufnahmen wurden die Himmelsgegenden bevorzugt, in denen nach Lowells Rechnungen nach dem Planeten X gesucht werden sollte.

Tombaugh suchte ein Jahr lang, dann fand er ihn auf Platten, die im Abstand von drei Tagen aufgenommen worden waren, und auf denen sich sein Bild während dieser Zeit um 3,5 Millimeter verschoben hatte. Es war ein großer Triumph, aber auch eine Enttäuschung. Planet X, der große Unbekannte, war klein, nur halb so groß wie die Erde. Er konnte die beobachteten Unstimmigkeiten in der Bewegung von Neptun und Uranus nicht verursachen.

Doch wo ist Planet X, der Neptun in seiner Bewegung stört? Es scheint ihn nicht zu geben. Inzwischen haben die Astronomen mit ihren besseren Instrumenten mehrere kleine Körper im Raum weiter draußen entdeckt, jedoch keinen, der genügend Masse besitzt, um die Bewegung des Neptun merklich zu beeinflussen. Auch das kürzlich entdeckte Objekt 2003 UB 313, das möglicherweise etwas größer ist als Pluto, stört die Bewegung des Neptun nicht messbar.

Wahrscheinlich wird Neptun gar nicht gestört. Um die Bewegung eines Planeten zu kontrollieren, muss man seinen Ort am Himmel immer wieder mit den Positionen der Fixsterne in seiner Nähe vergleichen. Aber auch diese waren in früheren Zeiten nicht genau genug bekannt. Inzwischen sind die Fixsterne genauer vermessen worden – nicht zuletzt durch den Satelliten *Hipparcos*. Nunmehr wurden die Abweichungen in der Bewegung des Neptun von der durch die Gesetze der Himmelsmechanik vorgeschriebenen Bewegung immer kleiner. Wahrscheinlich sind die Störungen, nach denen Lowell den Ort von Pluto berechnet hatte, gar nicht vorhanden. Vielleicht wurde der neue Planet nur zufällig an der Stelle gefunden, an der ihn Lowell vermutet hatte.

Jeder Planet braucht einen Namen

Ob Zufall oder nicht, wie sollte der neue Planet heißen? Nach astronomischer Tradition darf der Entdecker den Namen wählen. In diesem Fall war das jetzt die Aufgabe von Tombaugh und dem Direktor des Observatoriums. Von allen Seiten kamen Vorschläge. Es sollte wieder ein Name aus der Mythologie sein, wie bei den anderen Planeten am Himmel. Weibliche Namen waren damals für die Asteroiden reserviert, kamen also nicht in Frage.

Am 14. März 1930 erschien die Nachricht von der Entdeckung des neuen Planeten in den englischen Zeitungen. Am gleichen Tag schrieb der Bibliothekar Falconer Madan aus Oxford einen Brief an den englischen Astronomen H. H. Turner, der an der Sternwarte der Universität von Oxford arbeitete, dass seine 11-jährige Enkelin Venetia Burney, nachdem sie vom neuen Planeten gehört hatte,

Die 11-jährige Venetia Burney, Namensgeberin des Planeten Pluto.

spontan den Namen Pluto vorgeschlagen hätte. Turner leitete den Vorschlag wohl auch deshalb prompt nach Flagstaff weiter, weil der Bruder des Schreibers, Henry Madan, Internatsleiter des berühmten Eton College, bereits erfolgreich die Namen Phobos und Deimos für die beiden Marsmonde vorgeschlagen hatte. Die Astronomen in Flagstaff akzeptierten den Namen Pluto sofort, nicht zuletzt, weil die ersten beiden Buchstaben auch die Initialen von Percival Lowell sind.

Der Name des 1789 entdeckten chemischen Elements Uran kommt von dem acht Jahre zuvor entdeckten Planeten Uranus. Als während des Zweiten Weltkriegs neue chemische Elemente, schwerer als das Uran, entdeckt wurden, hat man weitere Planeten als Taufpaten heranzogen: Neptun stand Pate für das Neptunium, Pluto für Plutonium. Die kleine Venetia hatte also indirekt auch dem damals noch unbekannten, gefürchteten Bombenstoff seinen Namen gegeben.

Einfalt kennt bekanntlich keine Grenzen: Die Astrologen schreiben dem Pluto Wirkungen zu, die mit Kernenergie und Kernwaffen zu tun haben. Das ist zum Beispiel nachzulesen in dem Internet-Beitrag des Astrologen Robert Couteau. Dabei ist es reiner Zufall, dass das Plutonium nach Pluto benannt wurde.

Das Schulmädchen, das jetzt eine alte Dame ist

Die Geschichte der 11-jährigen Venetia Burney hatte ich seit Jahren im Hinterkopf. In einem Buch über die Suche nach Pluto hatte ich von ihr gelesen sowie auch in einem Artikel von Sir Patrick Moore, dem englischen Autor, der durch seine astronomischen Radiosendungen bekannt ist. Kürzlich kam mir der Gedanke, dass Venetia nur fünf Jahre älter ist als ich und dass sie wahrscheinlich noch lebt. Mit etwas Mühe gelang es mir, sie ausfindig zu machen. Sie lebt in Epsom, nahe bei London, ist seit langem verheiratet und heißt jetzt Venetia Phair.

Die Namen von Merkur, Venus, Mars, Jupiter und Saturn gehen auf die Griechen und Römer zurück. Den Namen Uranus hatte der Berliner Astronom Johann Elert Bode vorgeschlagen, den Namen für Neptun wählten bedeutende Astronomen der damaligen Zeit, darunter der Göttinger Astronom und Mathematiker Carl Friedrich Gauß. Dem Planeten Pluto aber hat ein Schulmädchen seinen Namen gegeben, das jetzt eine alte Dame ist.

... und gestern habe ich mit ihr telefoniert.

Nachdem ich Mrs. Venetia Phair (geborene Burney) ausfindig gemacht hatte, schickte sie mir ihr Bild.

Der Stoff, aus dem Kolumnen sind

Der Wissenschaftler, dem es gelingt, eine seit langem bekannte, aber bis dahin unverstandene Naturerscheinung zu erklären, verdient Ruhm und Ansehen. Noch höher aber ist es zu bewerten, wenn er eine bis dahin unbekannte Naturerscheinung, von der niemand eine Ahnung hatte, vorhersagt und darüber hinaus auch noch erklärt. So etwas geschah im Jahre 1979. Kürzlich ging ich dieser Geschichte nach und sofort stand fest: Das ist der Stoff, aus dem ich einen Artikel machen werde!

Sogleich ließ ich eine E-Mail an einen der an der Geschichte Beteiligten los. Die Antwort war wenige Stunden später auf meinem Bildschirm und Stanton Peale, Professor der Universität von Kalifornien in Santa Barbara, erinnerte mich daran, dass wir uns vor 43 Jahren in Los Angeles schon einmal bei einer Abendgesellschaft begegnet sind. Von ihm erfuhr ich jetzt Einzelheiten der Geschichte. Sie handelt vom Jupitermond Io, beginnt aber erst einmal mit unserem eigenen Mond.

Der eierförmige Mond

Der Mond ruft in den Ozeanen der Erde, aber auch auf ihren Kontinenten, die Gezeiten hervor (s. auch den Artikel „Die Sache mit Ebbe und Flut“ auf Seite 13). Aber auch die Erde erzeugt Gezeiten auf dem Mond. Da es dort kein Wasser gibt, machen sie sich nur durch eine Verformung des Mondkörpers bemerkbar, der Mond ist daher keine Kugel. Er ist in Richtung Erde geringfügig in die Länge gezogen und hat etwa die Form eines Eis.

In der Vergangenheit hat sich seine Drehbewegung so an seine Umlaufbewegung angepasst, dass er sich während eines Umlaufs genau einmal um seine Achse dreht. Als Folge davon wendet er uns stets dieselbe Seite zu. Ob Voll-, Halb- oder Neumond, wir blicken immer auf dasselbe „Gesicht des Mondes“. Für einen Beobachter auf dem Mond geht die Erde nicht auf und unter, sondern sie steht immer an der gleichen Stelle des Mondhimmels. Da der

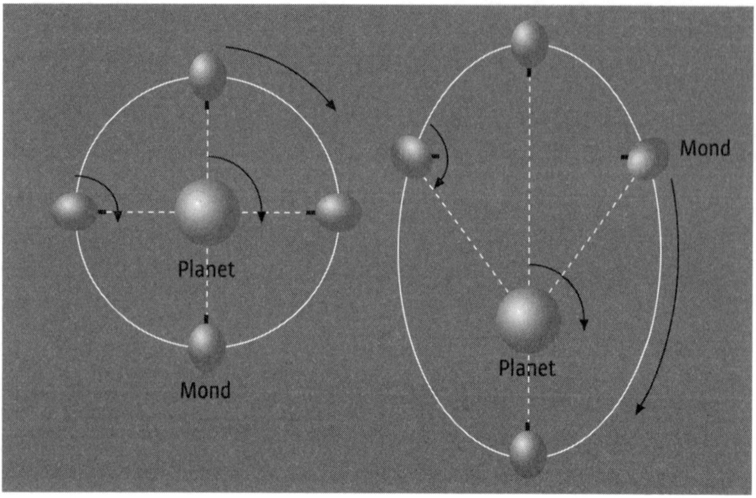

Positionen eines einen Planeten umlaufenden Mondes nach einem Viertel, der Hälfte, einem Dreiviertel und der vollen Umlaufzeit. Ein Mond (durch Gezeitenkräfte in Richtung zum Planeten in die Länge gezogen) rotiert im gleichen Drehsinn wie der Umlauf um seine Achse. In beiden Bildern ist in der oberen Position des Mondes zur Markierung eine Stange (schwarz) am Gipfel eines Gezeitenbergs aufgestellt. Links: Der Mond bewegt sich auf einer Kreisbahn. Die Stange weist dann immer auf den Planeten, genauso wie die lange Achse des Mondes. Er wird während eines Umlaufs nicht verformt.
Rechts: Der Mond bewegt sich auf einer Ellipsenbahn. In Planetennähe läuft er schneller als in Planetenferne. Seine Rotationsgeschwindigkeit bleibt aber immer dieselbe. Deshalb weist die Stange nicht immer auf den Planeten. Während des Umlaufs bewegt sich der Gezeitenberg relativ zur Stange: Der Mond wird beim Umlauf ständig verformt.

eine Gezeitenberg stets in Richtung Erde weist und der andere in die Gegenrichtung, stehen beide auf der Mondoberfläche fest. Die Flutberge wandern nicht über die Mondoberfläche.

Doch das stimmt nicht ganz, denn der Mond wandert in Wahrheit auf einer Ellipsenbahn um die Erde. Die Bahngeschwindigkeit des Mondes ist in Erdnähe rascher, in Erdferne langsamer. Die Geschwindigkeit seiner Drehbewegung aber ist konstant. Deshalb sehen wir vom Mondgesicht einmal mehr vom linken Ohr, einmal mehr vom rechten. Das ist die so genannte *Libration* des Mondes. Seine auf die Erde ausgerichteten Gezeitenberge verschieben sich daher im Laufe eines Monats leicht. Dabei verformen und durchwalken die Gezeitenkräfte die Mondmaterie – und das erwärmt sie geringfügig.

Wärme durch Gezeitenmassage

Die Astronomen Stanton Peale und Patrick Cassen vom NASA Ames Research Center in Moffet Field prüften im Jahre 1978, ob die Gezeiten das Mondinnere früher merklich erwärmt, vielleicht sogar verflüssigt haben, denn damals stand ja der Mond näher an unserer Erde und die Gezeitenberge auf ihm waren höher als jetzt. Das Ergebnis war negativ. Doch das Sonnensystem hat viele Monde. Könnte bei einem von ihnen die Erhitzung durch Gezeiten eine Rolle spielen?

Zusammen mit Ray Reynolds, gleichfalls vom NASA Ames Center, wurden sie bei Io fündig, dem innersten der schon von Galilei entdeckten Jupitermonde. Wie beim Erdmond haben die Gezeiten auf ihm seine Drehung bereits der Umlaufbewegung um Jupiter angepasst, auch er wendet seinem Planeten immer dasselbe Gesicht zu, seine Gezeitenberge wandern nicht über seine Oberfläche. Doch wie bei unserem Mond stimmt das nicht ganz. Auch Io bewegt sich auf einer Ellipsenbahn. Seine gleichförmige Drehbewegung zusammen mit der ungleichförmigen Bahnbewegung lässt seine Gezeitenberge im Rhythmus von etwa 43 Stunden geringfügig hin- und herwandern. Die drei Astrophysiker waren im Januar 1979 überzeugt, dass die dabei frei werdende Wärme ausreicht, um auf Io Vulkane ausbrechen zu lassen.

Zu diesem Zeitpunkt waren die beiden *Voyager*-Sonden auf dem Weg zu Jupiter, den die erste am 5. März 1979 erreichen sollte. Wenn die Nachricht von möglichen Vulkanen auf Io noch vor der Sondenankunft in einer Zeitschrift erscheinen sollte, war höchste Eile geboten. Aber wissenschaftliche Zeitschriften funktionieren nach eigenen Gesetzen. Eine Arbeit darf erst dann erscheinen, wenn wenigstens ein unabhängiger Wissenschaftler sie geprüft hat. Als die Autoren auf den engen Zeitplan hinwiesen, fragte der Gutachter: „Warum die Eile, was macht es für die Wissenschaft aus, wenn die Arbeit später erscheint?“ Stan Peale antwortete: „Für die Wissenschaft nichts, aber für uns viel!“ Der potenzielle Gutachter weigerte sich trotzdem, das Manuskript so schnell wie möglich durchzusehen. Glücklicherweise fand sich ein anderer, der nach der Lektüre nur einige geringfügige Änderungen vorschlug. Die letzten Korrekturen gingen dann per Telefon in die Redaktion.

Im letzen Moment im Ziel!

Die Arbeit erschien am 2. März 1979 in der amerikanischen Wissenschaftszeitschrift „Science“. Da war die Sonde *Voyager 1* noch 3,6 Millionen Kilometer von Jupiter entfernt. Drei Tage später kam sie an. Die ersten *Voyager*-Nahaufnahmen aus der Welt des Jupiter

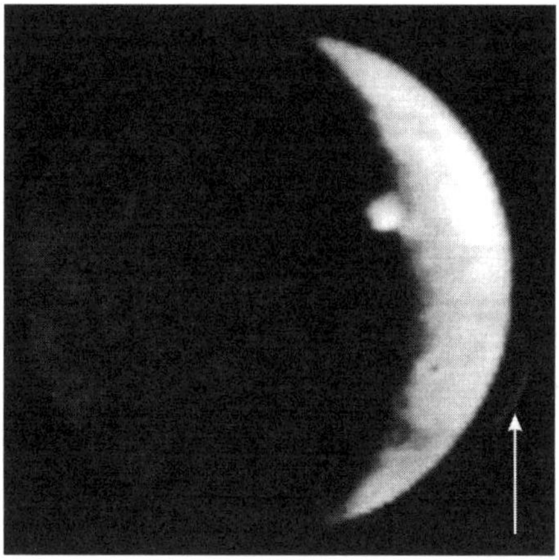

Die Aufnahme, auf der Linda Morabito den Vulkanismus des Jupitermondes Io entdeckte. Die Sonne scheint von rechts. Der helle Punkt an der Schattengrenze ist ein Berg, dessen Spitze von der Sonne beschienen wird, während sein Fuß im Schatten liegt. Am rechten Rand, knapp unterhalb der Mitte, mit einem Pfeil gekennzeichnet, hebt sich eine Wolke schwach gegen den Nachthimmel ab: Es ist von einem Vulkan ausgestoßenes Material.

wurden empfangen. Am 8. März sah sich Linda Morabito im Jet Propulsion Center in Pasadena eine der Aufnahmen von Io am Bildschirm an und bemerkte am Rand seiner Scheibe einen Schleier, der wie eine Wolke über der Oberfläche schwebte. Da Io keine Atmosphäre hat und daher keine Wolken, konnte der Schleier nur von einem Vulkan stammen, ausgespiene Materie, Hunderte von Kilometern nach oben geschleudert. Der vorhergesagte Vulkanismus auf Io war gefunden!

Wäre die Arbeit über die Gezeiten des Io nur wenige Tage später erschienen, wäre sie weit weniger beachtet worden. Jetzt aber war das anders, denn die Autoren hatten ja vorausgesagt, dass es auf Io Vulkane gibt, und erklärt, warum das so sein muss.

Was uns die Sterne erzählen

Was ein Stern so alles vergisst

„Wie entstehen eigentlich Sterne?", fragte mich mein Freund Hans-Ludwig, als wir kürzlich in den ICE von Göttingen nach München stiegen. „Gas- und Staubwolken fallen in sich zusammen und bilden einen Stern", antwortete ich, „wir können das allerdings nicht direkt beobachten, da die Geburt hinter dichten Staubschichten stattfindet, die wie undurchsichtige Vorhänge den direkten Blick versperren. Nur im infraroten Licht, das die Staubwolken durchdringen kann, bekommen wir etwas von diesem frühen Stadium der Sterne mit, doch die genauen Einzelheiten kennen wir nicht. Was später geschieht, können wir dann aber recht gut auf dem Computer simulieren, da sind wir auf ziemlich sicherem Boden."

„So ein Unsinn!", brach es aus Hans-Ludwig heraus, „wenn ich wissen will, wohin ein Geschoss fliegen wird, muss ich doch zuerst wissen, wie sein Flug anfing, von wo und mit welcher Geschwindigkeit in welche Richtung geschossen wurde. Willst du mir erzählen, dass ihr nicht wisst, wie die Geschichte der Sonne anfing, dass ihr aber sehr wohl auf euren Computern errechnen könnt, wie es danach mit ihr weiterging?"

Vergessliche Mutter Natur

Im Grunde hatte er Recht. Die Vorgänge bei der Geburt eines Sterns sind recht kompliziert. Gas und Staub regnen ja nicht gleichförmig aus allen Richtungen auf seine Oberfläche herab. Die Wolken enthalten Verdichtungen, daher prasselt die Materie einmal aus dieser, dann wieder aus jener Richtung auf den neu entstehenden Stern nieder. Außerdem besitzt jede Wolke eine, wenn auch noch so geringe Drehbewegung, die beim Schrumpfen immer rascher wird. Das geschieht nach dem gleichen Gesetz, das die Eisläuferin bei der Pirouette schneller rotieren lässt. Die Fliehkraft der rotierenden und schrumpfenden Wolke bremst den Materieeinfall quer zur Drehachse, während das Einströmen entlang der

Achse nicht behindert wird. All das hat Einfluss auf die anfängliche Temperaturverteilung im Stern. Es wäre schlimm, wenn die Astronomen, die das weitere Leben der Sterne im Computer nachzuspielen versuchen, diesen komplizierten Anfang berücksichtigen müssten. Glücklicherweise vergessen die Sterne vieles, wenn auch nicht alles. Nicht nur die Sterne, die ganze Natur neigt zum Vergessen.

Dem Wasser im Glas sieht man nicht an, ob es vor der Schmelze ein Schneeball oder ein Eiszapfen war. Mag der Schürhaken, mit dem ich im Kamin herumstochere an der einen Seite heiß und auf der anderen merklich kühler sein, wenn ich ihn zur Seite lege, gleichen sich die Temperaturunterschiede im Laufe der Zeit aus. Die ursprüngliche Temperaturverteilung hinterlässt nach einiger Zeit keine Spuren mehr. Das liegt an einem fundamentalen Gesetz der Wärmelehre, dem so genannten zweiten Hauptsatz.

Nehmen wir in Gedanken einen Metallstab und erwärmen ihn mit Hilfe eines Lötkolbens oder mehrerer Heizdrähte so, dass verschiedene Stellen unterschiedlich heiß werden. Mit etwas Mühe können wir ihm eine Temperaturverteilung geben, die in einem Diagramm aufgetragen, an ein Gebäude oder an eine Landschaft erinnert. Nach einiger Zeit schmilzt das wunderbarste Tempera-

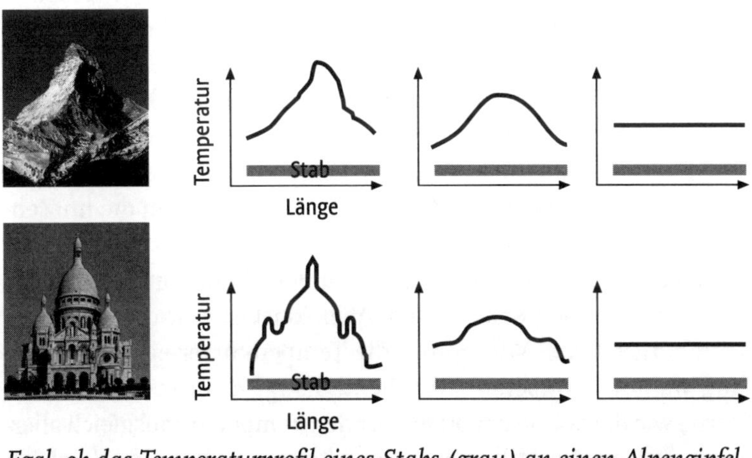

Egal, ob das Temperaturprofil eines Stabs (grau) an einen Alpengipfel oder an eine berühmte Kathedrale erinnert, im Laufe der Zeit (von links nach rechts) gleicht sich die Temperatur längs eines Stabes aus.

turprofil dahin wie ein Schneemann, denn die Wärme strömt von den heißeren Stellen zu den kühleren. Am Schluss hat der Stab eine einheitliche Temperatur.

Schließlich noch ein Beispiel aus der Geschichte: Im Jahre 9 n. Chr. tobte im Teutoburger Wald die Schlacht zwischen den Germanen und Römern – so haben wir es gelernt. Jeder Fußstapfen eines Soldaten erwärmte den Boden und hinterließ einen Fleck etwas höherer Temperatur. Sterbende Helden hinterließen noch deutlichere Wärmeflecken. Selbst wenn wir heute an der damaligen Kampfstätte die Temperatur jedes Quadratzentimeters genauestens bestimmen könnten, es gelänge uns nicht, den Verlauf der Schlacht zu rekonstruieren. Die Temperaturunterschiede hatten sich schon nach Tagen ausgeglichen.

Wie Wärme wandert

Der Wärmeausgleich im Metall und im Erdboden erfolgt durch Wärmeleitung. Wärme, das bedeutet Bewegung der Moleküle, bei höherer Temperatur schwingen sie stärker. Dabei stoßen sie die langsameren Moleküle der kühleren Nachbarschaft an, die daraufhin auch stärker schwingen. In den Metallen übertragen vor allem die Elektronen die höheren Teilchengeschwindigkeiten. In Sternen dagegen wird die Wärme im Wesentlichen durch Strahlung übertragen. Strahlung aus Gebieten höherer Temperatur heizt die kühleren Nachbarschaftsregionen auf.

In den Sternen stellt sich aber keine einheitliche Temperatur ein, sondern an jedem Ort diejenige, die nötig ist, um die im Zentrum frei werdende Kernenergie zur Oberfläche zu bringen. Da die Wärmeenergie vom Heißen zum Kühlen fließt, sind die Sterne innen sehr viel heißer als außen. Aber sonst ist es im Stern wie im Teutoburger Wald. Wie immer die Temperaturverteilung am Anfang war, die Temperatur von heute hängt nicht von damals ab. Sterne wie die Sonne benötigen für den Temperaturausgleich allerdings einige zehn Millionen Jahre, aber das ist kurz im Vergleich zu den Milliarden Jahren, die bereits seit ihrer Entstehung verstrichen sind.

Vor- und Nachteile des Vergessens

Das ist sowohl eine schlechte als auch eine gute Nachricht. Die schlechte Nachricht ist, dass wir durch Messungen der Temperaturverteilung im Inneren der Sonne, wie sie den Astronomen heute durch Beobachtung der Sonnenschwingungen im Minutenrhythmus gelingen, nichts über den Anfangszustand, also über die Geburt, erfahren können. Die gute Nachricht ist, dass der uns nicht genau bekannte Anfangszustand der Sterne für ihre spätere Entwicklung keine Rolle spielt. Die Computerrechnungen können also mit irgendeinem Temperaturprofil beginnen. Deshalb wissen wir über das spätere Leben der Sterne mehr als über ihre Geburt.

Wenn die Strahlung die nach außen strebende Energie nur schwer transportieren kann, gerät das Gas im Stern in wallende Bewegung. Diese so genannte *Konvektion* bestimmt dann, wie die Temperatur nach außen hin abfällt. Sie vernichtet die Information über die ursprüngliche Temperaturverteilung noch rascher. Sterne vergessen aber nicht alles.

Da ist zum einen die chemische Mischung der Materie, aus der der Stern entstand. Obwohl bei den Kernreaktionen im Inneren Helium entsteht, bleibt dieses jedoch im Zentralbereich konzentriert. Auch andere Elemente wie Sauerstoff, Stickstoff und Neon lagert der Stern dort, wo sie entstanden sind, also im tiefen Inneren. Die chemische Analyse der Gase an der Oberfläche ergibt daher recht genau die ursprüngliche chemische Zusammensetzung des Sterns. Erst gegen Ende seines Lebens bläst der Stern in ihm neu entstandene Atomsorten in die Gas- und Staubwolken, aus denen er entstanden ist.

Wir hielten jetzt in Augsburg und ich glaubte, ich hätte inzwischen alle Zweifel meines Freundes Hans-Ludwig ausgeräumt. Als ich aber nach ihm schaute, war er längst eingeschlafen.

Von allen guten Geistern verlassen?

Um die Sterne zu verstehen, die das Weltall bevölkern, muss man auch Sterne untersuchen, die es gar nicht gibt. Das könnte zum Beispiel mit einem Computerprogramm geschehen, das ich nie geschrieben habe. Jetzt – wo diese beiden Sätze vor mir auf dem Papier stehen – wird mir bewusst, dass ich einige Zeilen brauchen werde, um den Leser davon zu überzeugen, dass ich nicht von allen guten Geistern verlassen bin.

Beginnen wir mit den Sternen, die es wirklich gibt. Sie entstehen aus sich verdichtenden Gas- und Staubwolken, in denen es schließlich so heiß wird, dass Kernreaktionen ablaufen. Durch die Umwandlung von Wasserstoff zu Helium wird Kernenergie frei, mit der der Stern die längste Zeit seines Lebens die Abstrahlung von seiner Oberfläche bestreitet. Schließlich erschöpft sich im Zentrum der Wasserstoffvorrat. Der Sternkern schrumpft, die Hülle dehnt sich aus. Der Stern verhundertfacht seinen Durchmesser. Im Alter wird er zum Roten Riesenstern. Schließlich bläst er die Materie seiner Hülle entweder explosionsartig oder gemächlich in die Gas- und Staubwolken im Raum zurück. Übrig bleibt nur der dichte Kern, ein Weißer Zwerg oder ein Neutronenstern.

Sterne, die es gar nicht gibt

Die Vorgänge von der Geburt bis zum Tod der Sterne können heute im Computer simuliert werden. Die aufwändigen Programme dafür berücksichtigen nicht nur die Naturgesetze, sondern auch die Eigenschaften des Gases, aus dem die Sterne bestehen. Dazu zählen zum Beispiel die Menge an Kernenergie, die im Gas bei gegebener Temperatur und Dichte frei wird sowie die Mechanismen, welche die Energie aus dem Zentralbereich nach außen bringen. Aber auch das Gesetz, nach dem Temperatur, Druck und Dichte miteinander zusammenhängen, die so genannte *Zustands-*

gleichung, ist selbstverständlich einprogrammiert. Mit solch einem Programm werden Aufbau und zeitliche Entwicklung der Sterne berechnet und mit den Eigenschaften beobachteter Sterne verglichen.

Wie bei allen komplizierten Computerprogrammen tritt dabei ein Problem auf: Man gibt Zahlen ein und man bekommt Zahlen heraus. Gibt man andere Zahlen ein, kommen andere heraus. Aber was bewirkt was? Wird mein Modellstern zum Roten Riesen, weil die Kernreaktionen in seinem Zentrum Wasserstoff in Helium, also Atome höherer Massenzahl, umgewandelt haben oder weil der Energietransport jetzt anders abläuft? Experimentatoren können bei ihren Versuchen die Bedingungen ändern, etwa die Temperatur, oder den Vorgang in der schwerefreien Raumstation wiederholen. Mit den Sternen aber können wir nicht experimentieren. Oder doch?

Die Computersimulationen berücksichtigen die Naturgesetze und die Materialeigenschaften der Sternmaterie möglichst genau. Doch damit lernt man bestenfalls, welche Vorgänge in den Sternen ablaufen, die kausalen Zusammenhänge bleiben verborgen. Aber auch hier können wir experimentieren, das Verhalten des Modellsterns unter etwas anderen Bedingungen studieren oder Sterne kreieren, die es gar nicht gibt.

Wenn Sterne alt aussehen

Im Jahre 1973 haben mein Freund Alfred Weigert (1927–1992) und sein Mitarbeiter Wolfgang Höppner ein Computerexperiment durchgeführt, dessen fundamentale Bedeutung bis heute kaum jemand gewürdigt hat. Sie berechneten das Modell eines hauptsächlich aus Wasserstoff bestehenden Sterns ähnlich der Sonne, der gerade begonnen hat, durch die Fusion von Wasserstoff seine Leuchtkraft zu decken, einen so genannten *Hauptreihenstern*. In das Zentrum dieses ganz normalen Sterns setzten sie künstlich einen Massenpunkt, der da, wo die Kernenergie frei wird, ein zusätzliches Schwerefeld erzeugte. Er änderte weder die chemische Zusammensetzung noch die Materialeigenschaften des

Im Sternhaufen M 55 im Sternbild Schütze erscheinen die hellsten Sterne rötlich. Es sind alte Sterne, die bereits zu Roten Riesen geworden sind.

Sterngases. Langsam gaben die Programmierer diesem Massenpunkt mehr Masse und vergrößerten damit seine Schwerkraft. Und siehe da, der Stern, der immer noch von der Fusion des Wasserstoffs lebte, blähte sich zum Roten Riesen auf.

Natürlich gibt es keine Sterne mit einem Massenpunkt unendlich großer Dichte in der Mitte. Aus ihrem Experiment konnten Höppner und Weigert aber folgern, dass allein die künstlich verstärkte Schwerkraft in den Bereichen, in denen die Kernenergie frei wird, einen Stern zum Roten Riesen macht. Damit haben sie auch etwas über die wirklichen Sterne gelernt. In ihrem Zentrum wird sich zwar kein unendlich dichter Massenpunkt ausbilden, aber dort wird in Zukunft ein Heliumkern entstehen, der nach einiger Zeit die Eigenschaften eines Weißen Zwerges annehmen wird. Extrem dicht wird er sein im Vergleich mit der Größe des Sterns, fast ein Massenpunkt. Und damit werden sich die Sterne wie der Modellstern verhalten, den es gar nicht gibt. Sie werden zu Roten Riesensternen.

Was bestimmt die Sonnenleuchtkraft?

Wir wissen, dass die Sterne strahlen, weil in ihrem Inneren Kernenergie erzeugt wird. Bedeutet dies, dass die Strahlungskraft der Sonne durch die Eigenschaften der beteiligten Atomkerne bestimmt wird? Würden wir auf der Erde verbrennen oder erfrieren, wenn die beteiligten Atomkerne leichter oder schwerer miteinander reagieren würden?

Der Garchinger Astrophysiker Achim Weiß experimentierte zusammen mit seinem Mitarbeiter Helmut Schlattl mit Sonnenmodellen, um zu sehen, wie die Leuchtkraft der Sonne von den Reaktionsraten der Kernprozesse abhängt. Sie berechneten Sonnenmodelle, bei denen sie im Computerprogramm die Reaktionsraten künstlich einmal verdoppelt, das andere Mal verzehnfacht hatten. Ihr Ergebnis: Vergrößert man die Wirkungsquerschnitte der Kernreaktionen, dann vergrößert sich keineswegs auch die Leuchtkraft, im Gegenteil, sie erniedrigt sich geringfügig. Sterne reagieren eben nicht so, wie man es auf den ersten Blick erwartet. Die Leuchtkraft eines Sterns hängt in erster Linie von seiner Masse ab. Wie immer auch die Kernreaktionen sind, stets stellt sich eine

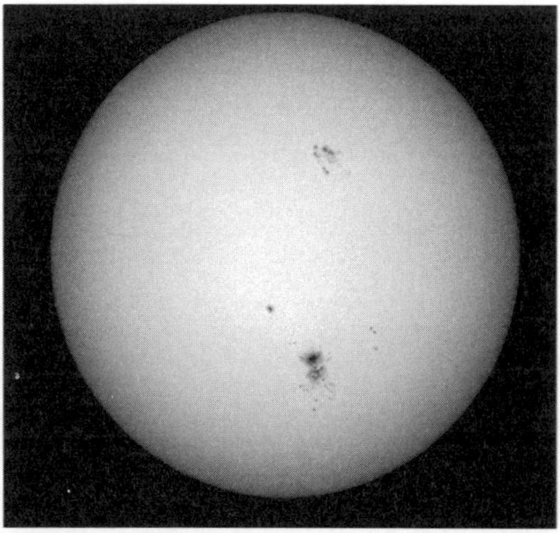

Der Anblick der Sonne mit Flecken durch ein Fernrohr mit Sonnenfilter. Selbst wenn die Kernreaktionen in ihrem Inneren effektiver wären, würde die Sonne nicht heller leuchten.

Temperatur ein, bei der sie die zur Sternmasse gehörende Leuchtkraft erzeugen. Dies zeigten wieder Modelle von Sternen, die es gar nicht gibt.

Ein Sternmodellbaukasten

Das erinnert mich an einen Jugendtraum. Mein Freund Stefan Temesvary (1915–1984) und ich versuchten vor einem halben Jahrhundert, ein Programm zum Studium des Aufbaus der Sterne und ihrer weiteren Entwicklung zu schreiben. Dabei hatten wir die Idee, einzelne Bausteine auswechselbar zu machen. Mit ihnen wollten wir herumspielen, etwa das Gravitationsgesetz künstlich verändern oder die Naturkonstanten mit der Zeit variieren lassen, um zu sehen, wie sich unser Modellstern dabei verhält. Das Programm nannten wir „Sternmodellbaukasten". Es wurde aber leider recht unflexibel. Unsere Bausteine waren miteinander so verfilzt, dass sie nur schwerlich ausgetauscht werden konnten.

Heutzutage könnte man ein solches Programm, das es ermöglicht, mit Sternen zu experimentieren, leichter schreiben. Man sollte nicht nur die Gleichungen für wirkliche Sterne lösen, sondern auch die Lösungsmannigfaltigkeit studieren, in der diese Lösungen eingebettet sind. Wäre ich jünger, würde ich so ein PC-Programm schreiben. Auch diesmal hätte ich schon einen Namen dafür: „Experimente mit Sternen."

Von frischem Elefantendung und alten Zwergsternen

Ob mich mein Freund Norman damals auf den Arm nehmen wollte oder ob er es ernst meinte, weiß ich heute nicht mehr. „Wie bestimmt man die Körpertemperatur frei lebender Elefanten?“, fragte er, „Sie einfach fangen und messen? Damit bestimmt man nur die Temperatur gefangener Elefanten. Was also tun?“ Und er fuhr fort: „Ganz einfach, der Zoologe geht auf die Jagd, bewaffnet mit Stoppuhr und Thermometer. Er beobachtet eine Herde im Fernglas und wartet, bis sich ein Tier entleert. Sofort startet er seine Stoppuhr, vertreibt die Tiere – und dann nichts wie hin. Dort rammt er das Thermometer in den größten Klumpen, misst und trägt Temperatur und Stoppuhrzeit auf Millimeterpapier auf. Er zeichnet eine Kurve und extrapoliert sie zurück, um die

Welche Körpertemperatur hat ein in freier Wildbahn lebender Elefant?

Temperatur zu bestimmen, die der Klumpen am Anfang hatte. Das ist dann die Körpertemperatur des in freier Wildbahn lebenden Tieres."

Das Problem ist nicht ganz einfach. Der Zoologe kennt den Verlauf der Abkühlung nur für den Zeitraum, in dem er messen konnte. Wie lässt sich daraus aber erkennen, wie die Temperatur in dem Zeitraum absank, in dem der Klumpen gerade das Licht der Welt erblickt hatte und der Forscher mit seinem Thermometer noch nicht zur Stelle war?

Kalter Kaffee

Nach welchen Gesetzen gleichen warme Körper ihre Temperatur an die Umgebung an? Drei Regeln bestimmen dies:

1. Die Wärmeenergie fließt immer von den Stellen höherer zu denen niedrigerer Temperatur.
2. Wenn irgendwo Wärmeenergie abströmt und keine andere Energie zugeführt wird, erniedrigt sich die Temperatur.
3. Die gesamte Wärmeenergie des Körpers nimmt in dem Maße ab, wie Energie von der Oberfläche an die Umgebung abgegeben wird.

Das gilt für Elefantendung genau so wie für heiße Kaffeetassen. Manchmal gilt es auch für Sterne. Doch ehe wir zu ihnen kommen, bleiben wir vorerst noch auf der Erde und betrachten eine erhitzte Kugel. Sie bestehe aus einem festen Stoff, er kann Holz, Gips oder ein festes Metall sein. Wenn sie bei Zimmertemperatur sich selbst überlassen bleibt, kühlt sich die Kugel ab. Das geschieht zuerst an ihrer Oberfläche, die mit der Außenluft in Berührung steht. Einerseits übertragen dort die Moleküle ihre Bewegungsenergie auf die angrenzenden Luftmoleküle, andererseits geht von der Oberfläche Wärmestrahlung aus. Deshalb sinkt die Temperatur außen zuerst, während die Kugel in ihrer Mitte noch heiß bleibt. Von dort strömt die Wärmeenergie in die kühleren Außenbereiche, wo sie an die Umgebung abgegeben wird.

Der sich langsam verringernde Temperaturunterschied zwischen Mitte und Oberfläche wird durch die Wärmeleitfähigkeit der

Materie bestimmt. Ist die Kugel etwa aus Schamotte, deren Wärmeleitfähigkeit sehr niedrig ist, kann sie innen noch sehr heiß sein, während sie sich außen schon mit der Hand anfassen lässt. Ist sie dagegen aus Kupfer, das eine hohe Wärmeleitfähigkeit besitzt, sind nach kurzer Zeit die Temperaturen innen und außen fast gleich. Obwohl ich in keinem meiner Nachschlagewerke die Wärmeleitfähigkeit von Elefantendung finden konnte, bin ich mir ziemlich sicher, dass sie irgendwo zwischen diesen beiden Extremfällen liegt.

Ganz anders ist es dagegen bei den meisten Sternen. In ihnen wird – anders als in unserer Kugel und im Elefantendung – durch Kernprozesse ständig Energie erzeugt. Aber auch Sterne, die gerade erst aus einer kühlen Gaswolke entstanden sind und noch nicht die Temperaturen erreicht haben, bei denen Kernreaktionen einsetzen, kühlen sich nicht ab. Im Gegenteil, sie werden sogar heißer. Aber woher kommt die dazu notwendige Energie?

Vom Wasserkraftwerk zum Kernkraftwerk

Diese Energie stammt aus der Schwerkraft. Wir wissen, dass auf der Erde Energie frei wird, wenn Materie von der Schwerkraft nach unten gezogen wird, sich also dem Erdmittelpunkt nähert. In unseren Wasserkraftwerken machen wir schließlich davon Gebrauch. Ähnlich verhält es sich bei Gaskugeln, in denen keine Kernenergie frei wird: Sie schrumpfen langsam infolge der Schwerkraft, wobei sich jedes Gramm ihrer Materie dem Mittelpunkt des Sterns nähert, sich also in Richtung der Schwerkraft bewegt. Die dabei frei werdende Energie wird zur Hälfte von der Oberfläche abgestrahlt, während die andere Hälfte das Gas erhitzt.

Gaskugeln werden beim Schrumpfen also immer heißer, bis sie in ihrer Mitte Temperaturen erreichen, bei denen Kernreaktionen einsetzen. Die Sterne können von da ab als Kernkraftwerke ihre Abstrahlung über lange Zeit durch Kernenergie decken. Die Dichten in den Gaskugeln werden jedoch nicht beliebig hoch, vorher verhindert der nach außen gerichtete Gasdruck ein weiteres Schrumpfen und den damit verbundenen Anstieg der Zentraltemperatur.

Zwerge, braun und weiß

Nur Gaskugeln von mehr als sieben Prozent der Sonnenmasse, das sind etwa 75 Jupitermassen, werden richtige Sterne, die von Kernkraft leben. Die anderen erreichen niemals die Temperaturen für Kernprozesse, sie kommen nie in den Genuss dieser Energiequelle, sondern kühlen nach dem Schrumpfen einfach ab.

Die Existenz solcher Sterne war schon 1963 von Theoretikern vorausgesagt worden. Zwölf Jahre später gab ihnen Jill C. Tarter, die Astronomin, die heute bei SETI nach Radiosignalen von Außerirdischen sucht, den Namen *Braune Zwerge*. Noch ehe man wusste, ob es sie wirklich gibt, hatten sie schon einen Namen.

Im Jahre 1995 entdeckte man schließlich den ersten. Er bildet ein Doppelsternsystem zusammen mit einem normalen Stern, der in dem vom Heidelberger Astronomen Wilhelm Gliese (1915–1993) zusammengestellten Katalog sonnennaher Sterne die Nummer 225 trägt. Gliese 225 besitzt nur etwa die 40fache Masse des Jupiter und hat eine Oberflächentemperatur von weniger als 1000 Grad – für Sterne ganz schön kühl.

Dann fand man im Sternhaufen der Plejaden (vgl. hierzu auch S. 128) zwischen normalen massearmen, kühlen Sternen zahlreiche Braune Zwerge. Man erkennt sie an ihrem Lithiumgehalt, denn wo Kernreaktionen ablaufen, wird das chemische Element Lithium zerstört, in den Braunen Zwergen aber bleibt es erhalten. Die Plejaden enthalten etwa so viele Braune Zwerge wie normale Sterne. So scheint es übrigens überall in unserem Milchstraßensystem zu sein.

Doch Braune Zwerge sind nicht die einzigen sich langsam abkühlenden Himmelskörper. Wenn die Sonne ihren Kernbrennstoff aufgebraucht haben wird, wird sie zum *Weißen Zwerg* werden, zu einem Körper, etwa so groß wie die Erde. Ihre Materie ist dann so dicht zusammengepresst, dass eine Tonne davon in einen Fingerhut passen würde. In solchen Sternen wird keine Kernenergie mehr erzeugt. Sie strahlen im Laufe der Zeit immer weniger und kühlen nur noch ab. Das gibt den Astrophysikern die Möglichkeit, aus ihrer Abkühlung ihr Alter zu bestimmen.

In dem Kugelsternhaufen M 4 haben kanadische Astronomen mehr als 600 extrem schwache Weiße Zwerge mit dem *Hubble-*

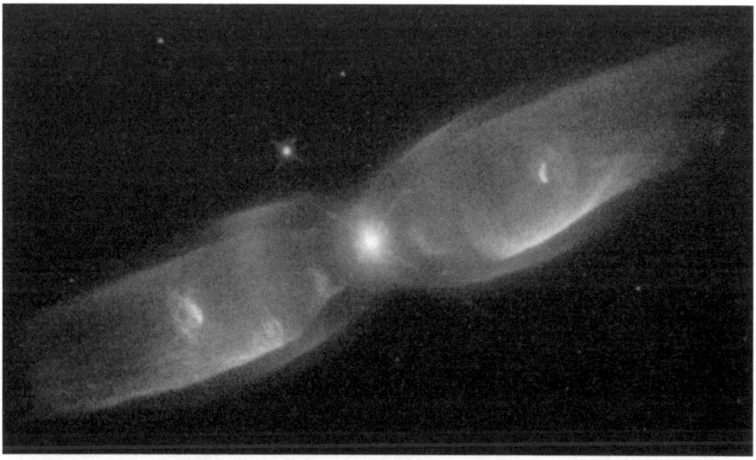

Der Schmetterlingsnebel besteht aus Gasmassen, die von einem Stern abströmen, der seine verfügbare Kernenergie verbraucht hat und langsam zu einem Weißen Zwerg abkühlt.

Weltraumteleskop untersucht. Aus dem Zustand ihrer Abkühlung ergab sich, dass diese Sterne vor 12,2 Milliarden Jahren entstanden sind. Das passt gut zu unseren heutigen Vorstellungen vom Alter des Weltalls.

... und auf das alles kommt man, wenn man darüber nachdenkt, was Elefanten so in der Steppe hinterlassen.

Da waren's nur noch fünf

Manchmal ist es leichter, ein neues Forschungsinstitut zu gründen, als ein altes zu schließen. Wie es vor mehr als 3000 Jahren zur Sternwarte in Nebra, im heutigen Sachsen-Anhalt, kam, wissen wir genauso wenig wie den Grund, warum sie wieder verschwunden ist. Archäoastronomen glauben, dass die Sternkundigen damals – vielleicht waren es Priestergelehrte – von dort aus die Sonne über dem Kyffhäuser und über dem Brocken anvisiert haben. Heutzutage werden Forschungsinstitute, die nichts mehr produzieren oder deren Veröffentlichungen von Fachkollegen

Die Sternscheibe von Nebra. Die sieben Sterne der Plejaden stehen links vom oberen Horn der zunehmenden Mondsichel.

nicht mehr zitiert werden, geschlossen. Von den Forschungsergebnissen der Astronomen in Nebra ist nur eine rätselhafte Scheibe erhalten.

Das Rätsel der Plejadensterne

Auf dieser Scheibe scheinen zwei Mondphasen abgebildet zu sein, daneben Sterne und zwei Kreisbögen. Eine Ansammlung von sieben Sternen sticht ins Auge, wahrscheinlich das Siebengestirn, die Plejaden. Schon der Prophet Amos erwähnt sie, und auch im Buch Hiob ist von ihnen die Rede. Homer lässt seinen Odysseus auf dem Weg von der Insel Calypso in die Heimat nach den Plejaden navigieren. Beim griechischen Dichter Hesiod werden sie ebenfalls erwähnt.

Mit bloßem Auge sieht man lediglich sechs Sterne, obwohl im griechischen und im germanischen Kulturkreis gelegentlich von sieben Sternen die Rede ist. Die griechische Sage erklärt das so: Die Götter Atlas und Plejone hatten sieben Töchter. Dieser Kinderreichtum hat mich schon als Schüler verwundert, da ja Atlas die ganze Zeit über die Erdkugel auf den Schultern tragen musste. Die Namen der Töchter waren Alkyone, Asterope, Celaeno, Elektra, Maja, Merope und Taygeta. Weil sie vom Jäger Orion verfolgt wurden, hatte sie Zeus, der ein Auge auf Maja geworfen hatte, an den Himmel versetzt. Die Töchter heirateten standesgemäß, sie nahmen sich also mindestens einen Halbgott zum Gemahl. Nur Merope geriet an den König Sisyphos, der schließlich in der Unterwelt landete, wo er zur Strafe noch heute einen Stein bergauf schleppen muss, der ihm aber immer wieder entgleitet und ins Tal zurückkullert.

Der Sage nach schämt sich Merope deswegen so, dass sie nur schwach leuchtet. Von den sieben Töchtern sind deshalb nur sechs am Himmel mit bloßem Auge zu sehen. Aber die Zahl Sieben war im Altertum eine heilige Zahl, auch bei den Germanen. Das erklärt vielleicht, warum die Scheibe von Nebra sieben Plejadensterne zeigt. Ohne genauer nachzusehen, gingen die dortigen Astronomen wohl davon aus, dass es sieben Sterne sein müssten. Müssen wir uns da noch wundern, dass bei einer solch laxen Dienstauffassung die Sternwarte wieder geschlossen wurde?

Vier, sechs, sieben, acht oder neun?

Der griechische Astronom Ptolemäus ergänzte sein großes Werk „Almagest“, das das astronomische Wissen seiner Zeit zusammenfasst, um einen Sternkatalog. Darin führt er vier Plejadensterne auf. Der arabische Astronom Al-Biruni fügte noch zwei weitere hinzu. Seither zeigen die Sternkarten sechs Plejadensterne. In der arabischen Dichtung spielt die Sterngruppe ebenfalls eine wichtige Rolle. „Die Plejaden sind [...] die Hand eines zarten Mädchens, das sich an den Fingerspitzen mit Siegelringen geschmückt hat“,

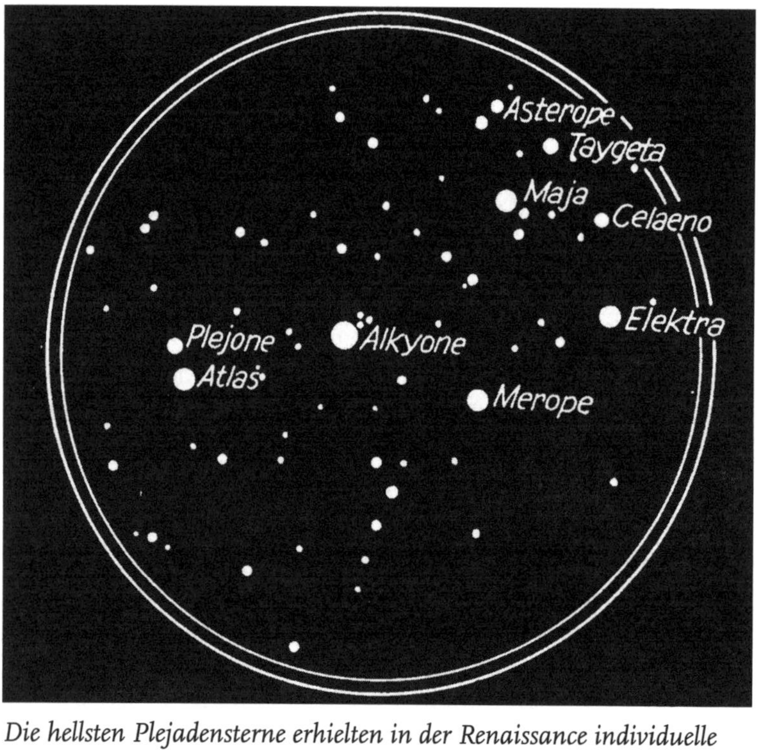

Die hellsten Plejadensterne erhielten in der Renaissance individuelle Namen.

schreibt ein Dichter. „Als die Morgenröte unter den Plejaden aufleuchtete, glich sie einem König, der mit einer Krone auftritt", so ein anderer. Arabische Dichter erwähnen bisweilen sieben Sterne. Heute glaubt man, dass derjenige, der mit guten Augen sieben Sterne erkennt, auch einen achten sehen müsste. Doch der nach seiner Helligkeit siebente ist ein veränderlicher Stern, dessen Leuchtkraft unregelmäßig um 50 Prozent schwankt.

Erst in der Renaissance, als das Fernrohr in den Plejaden mehr Sterne zeigte, erhielten die einzelnen Plejadensterne Namen, wobei man sich der griechischen Sage erinnerte. Aber nicht nur die sieben Töchter, auch Vater Atlas und Mutter Plejone wurden am Himmel verewigt. Als der französische Astronom Charles Messier im Jahre 1781 seinen berühmten Katalog von Nebeln und Sternhaufen veröffentlichte, gab er dem Sternhaufen der Plejaden die Nummer 45. Seither tragen sie die Bezeichnung M 45.

Hunderte junger Sterne

Heute wissen wir, dass die Plejaden zusammen mit mehreren hundert schwächeren Sternen einen Sternhaufen von etwa 13 Lichtjahren Durchmesser bilden. Sie stehen so lose beieinander, dass der Beobachter einem Stern in dieser Region nicht direkt ansehen kann, ob er zu den Plejaden gehört oder ob er vor oder hinter ihnen steht. Erst als es gelang, die Bewegung der Sterne im Laufe von Jahren zu verfolgen, konnten die Astronomen entscheiden, welche Sterne wirklich zu den Plejaden gehören. Sie bewegen sich nämlich alle mit der gleichen Geschwindigkeit in die gleiche Richtung, wenn auch sehr langsam. Gegenüber den Hintergrundsternen wandern sie im Jahrhundert gerade mal um sechs Bogensekunden. Es dauert daher 30 000 Jahre, bis sie eine Vollmondbreite zurückgelegt haben. Der Abstand der Sterne von uns beträgt 410 Lichtjahre. Das Licht, das wir von ihnen heute erhalten, wurde also etwa 20 Jahre vor dem Beginn des Dreißigjährigen Krieges ausgesandt.

Im November 1885 gelang den Brüdern Paul und Mathieu Henry, zwei an der Pariser Sternwarte arbeitenden Pionieren der

Moderne Aufnahmen der Plejaden lassen Gaswolken um die hellsten Plejadensterne erkennen.

Astrofotografie, eine drei Stunden lang belichtete Aufnahme der Plejaden. Dabei entdeckten sie um Maja einen Nebel. Bald zeigte sich, dass mehrere helle Plejadensterne von Nebeln umgeben sind.

Sternhaufen sind Gruppen von Sternen, die gleichzeitig entstanden sind, ihre Mitglieder sind daher etwa gleich alt. Sterne verbrauchen ihren nuklearen Energievorrat umso rascher, je mehr Masse sie in sich vereinen. Danach blähen sie sich zu Roten Riesensternen auf. Das Alter eines Sternhaufens lässt sich daher gut an der Zahl Roter Riesensterne abschätzen. Die Plejaden enthalten keinen einzigen Roten Riesen, sondern vorwiegend blaue Sterne. Die Astronomen schätzen daher ihr Alter auf etwa 50 bis 100 Millionen Jahre. Im Vergleich zu unserer Sonne mit ihren 4,5 Milliarden Jahren sind sie also recht jung.

Seit ich von der Sternscheibe von Nebra weiß, zähle ich auf alten Sternkarten und Sterngloben immer die Plejadensterne. Die

Göttinger Sternwarte besitzt einen Sternglobus aus der Zeit um 1603. Er zeigt sechs Plejadensterne. In meinen Büchern im Keller fand ich die Reproduktion einer in Amsterdam gedruckten Sternkarte von Gerard Valks und Pieter Schenk, die beide um 1700 lebten, also lange nach der Erfindung des Fernrohrs. Wieder zählte ich die Plejadensterne: Da waren's nur noch fünf.

Es ist schon erstaunlich, dass den Menschen vor Jahrtausenden in Nebra die Astronomie schon etwas bedeutet hat. Noch mehr aber wundert es mich, dass es in den mehr als 3000 Jahren, die seither vergangen sind, niemand mehr geschafft hat, auf dem Gebiet des heutigen Landes Sachsen-Anhalt eine neue professionelle Sternwarte zu bauen.

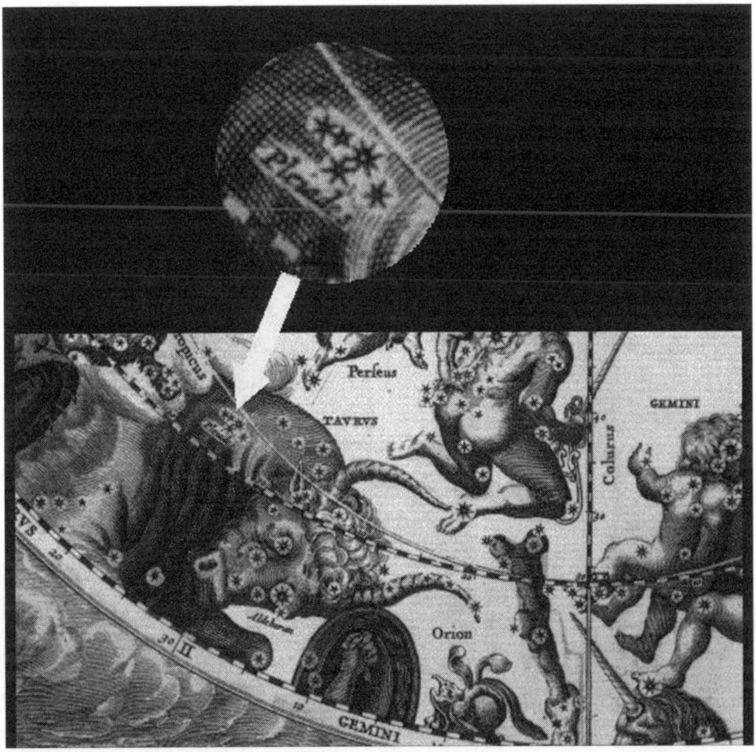

Ausschnitt aus der 300 Jahre alten Sternkarte von Valks und Schenk. Im Rücken des Stieres befinden sich die Plejaden, die hier nur aus fünf Sternen bestehen.

Ein Stern macht Karriere

Sterne wie ihn gibt es in unserem Milchstraßensystem milliardenfach. Er deckt seine Abstrahlung wie die Sonne durch die Fusion von Wasserstoff zu Helium. Etwa das Doppelte ihrer Masse ist in ihm vereinigt. Er steht so weit entfernt, dass er am Himmel nur als Lichtpunkt 14. Größe erscheint. Das heißt, in einem Fernrohr von 20 Zentimeter Durchmesser kann man ihn gerade noch erkennen. Wer ihn mit einem solchen Instrument auf Film bannen will, muss mindestens zehn Minuten lang belichten. Ein derart „unwichtiges“ Lichtpünktchen hat kaum eine Chance, jemals astronomischen Weltruf zu erlangen. Doch das Sternchen im Herkules wurde im Jahre 1936 auffällig.

Der Amateur, der zum Profi wurde

Zu dieser Zeit überwachten mehrere deutsche Sternwarten systematisch den Himmel. In jeder klaren Nacht wurde jede Stelle des Nachthimmels mit Weitwinkelkameras, die der täglichen Bewegung des Sternhimmels nachgeführt wurden, mit Belichtungszeiten von etwa einer Stunde aufgenommen. Am eifrigsten beteiligte sich der Astronom Cuno Hoffmeister an diesem Überwachungsprogramm. Schon als Junge war er ein begeisterter Amateurastronom gewesen. Zu seinem Kummer ließ ihn sein Vater nicht studieren – er wollte einen Kaufmann aus ihm machen, der die Firma übernehmen sollte. Erst als des Vaters Betrieb im Ersten Weltkrieg Pleite ging, konnte der Sohn sich seinen Herzenswunsch erfüllen.

Er war schon 28 Jahre alt, als er die Reifeprüfung ablegte und in Jena das Studium seines Lieblingsfaches begann. Nach kurzer Zeit promovierte er und beschloss, in seiner Heimatstadt Sonneberg in Thüringen aus eigenen Mitteln eine Sternwarte zu errichten. Später wurde sie der Sternwarte in Babelsberg angegliedert und instrumentell erweitert. Zusammen mit seinen Assistenten und mitunter auch mit seiner Frau nahm er mit mehreren Überwachungskameras über Jahrzehnte hinweg systematisch alle Gegenden des nörd-

Cuno Hoffmeister (1892–1968)

lichen Sternhimmels in jeder sternklaren mondlosen Nacht auf. Er wollte zu verschiedenen Zeiten gewonnene Fotoplatten später nach veränderlichen Sternen absuchen, nach Sternen, die ihre Helligkeit im Laufe von Jahren, Tagen oder Stunden verändern.

Hoffmeister hat in seinem Leben weit über 10 000 neue veränderliche Sterne entdeckt. Irgendwann im Jahre 1936 fand er einen solchen Stern im Sternbild Herkules. Sterne können aus ganz verschiedenen Gründen ihre Helligkeit ändern, und dementsprechend sind die verschiedenen Typen von Veränderlichen für den Astronomen von unterschiedlichem Wert. Die einen helfen ihm, die Milchstraße auszuloten und die Entfernungen der nächsten Spiralnebel zu bestimmen. Andere verraten, dass sie Doppelsterne sind, die sich von uns aus gesehen bei jedem Umlauf gegenseitig verdecken. Es gibt aber auch Sterne, deren Helligkeit ganz unregelmäßig schwankt und von denen die Astronomen bis heute kaum etwas gelernt haben.

Solch ein Stern schien das Objekt im Herkules zu sein. Es gelang Hoffmeister nicht, irgendeine Regelmäßigkeit in seinen Helligkeitsschwankungen zu erkennen. Aber immerhin wurde der Stern in das Verzeichnis der veränderlichen Sterne aufgenommen. Während der nächsten 30 Jahre führten ihn die Kataloge unter dem Namen *HZ Herculis*. Es gab zwar nichts über ihn zu sagen, doch wenn ein Stern unter den Milliarden anderen Sternen wenigstens einen Namen bekommt, so ist das schon ähnlich, wie im Adelskalender zu stehen. Allerdings zählte der Stern auch dort zur niedrigsten Kategorie und vegetierte jahrzehntelang in den Katalogen dahin.

Die erste Röntgen-Reihenuntersuchung des Himmels

Am 12. Dezember 1970 startete die NASA von der Küste Kenias aus den Satelliten *Uhuru*, der den Himmel nach Röntgenquellen absuchen sollte. Da die Erdatmosphäre die aus dem Weltall kommende Röntgenstrahlung nicht durchlässt, kann man sie nur von Höhenballons oder von Satelliten aus messen. Während seiner Lebensdauer hat *Uhuru* über 100 punktförmige Röntgenquellen am Himmel gefunden. Darunter war auch eine Röntgenquelle im Herkules. Ihre Strahlung kam nicht gleichförmig, sondern in Form von Blitzen, die einander in einem mittleren Abstand von 1,24 Sekunden folgten. Dieser Abstand änderte sich geringfügig im Rhythmus von 1,7 Tagen. Außerdem setzten die Blitze regelmäßig alle 1,7 Tage für etwa fünf Stunden aus.

Die Erklärung des Rätsels war die Folgende: Die Röntgenquelle kreist mit einer Umlaufzeit von 1,7 Tagen um einen normalen Stern und verschwindet regelmäßig für fünf Stunden hinter ihm. Doch wo war der Stern, um den die Quelle kreist? *Uhuru* konnte den Himmel nur unscharf sehen, deshalb kannte man nur die ungefähre Gegend, in der sich die Quelle befinden sollte. Was gab es dort zu sehen?

Ein Stern gibt sein Geheimnis preis

Im Sommer 1972 arbeitete das amerikanische Astronomenehepaar Neta und John Bahcall am Wise-Observatorium in Israel. John Bahcall haben wir schon auf Seite 100 kennen gelernt. Unter anderem wollten die beiden im sichtbaren Licht nach der Röntgenquelle im Herkules Ausschau halten. Das Beobachten war für das junge Ehepaar nicht einfach, denn sie mussten gleichzeitig ihre beiden Söhne Safi (3½) und Dan (1) betreuen. Abends ließen sie sie im Zimmer des Nachtassistenten spielen, bis sie in einem ausgeliehenen Kinderbett und in einer zweckentfremdeten Schreibtischschublade einschliefen.

Zwischen dem 6. und 13. Juli gewannen die Bahcalls zahlreiche Aufnahmen der Herkulesgegend. Die Bilder zeigten, wie Hoffmeisters HZ Herculis seine Helligkeit wechselte, und die Bahcalls erkannten, dass der Lichtwechsel genau im Rhythmus von 1,7 Tagen ablief. Die Helligkeit des Sterns ist im Minimum, wenn die

Das Team, das mehrere Nächte im Wise-Observatorium verbrachte, um das Rätsel der Röntgenquelle im Herkules zu lösen – die Familie Bahcall.

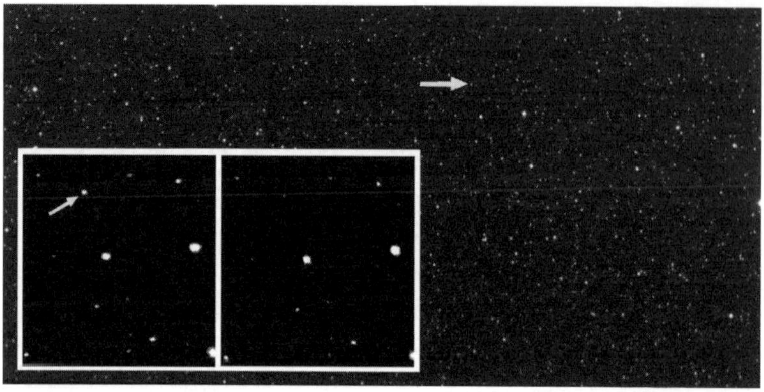

HZ Herculis, Hoffmeisters veränderlicher Stern, ist ein unscheinbares Pünktchen im Feld der Sterne. Ausschnitte links unten: Der Stern im Maximum (links), wenn die Röntgenquelle vor ihm steht und seine uns zugewandte Seite aufheizt, der Stern im Minimum (rechts), wenn sie hinter ihm steht und der Stern nur in seinem Eigenlicht strahlt.

Röntgenquelle hinter dem Stern steht, im Maximum, wenn sie sich davor befindet. Damit war klar, dass die starke Röntgenstrahlung der Quelle die ihr zugewandte Seite von Hoffmeisters Stern bestrahlt, erhitzt und heller leuchten lässt.

Wir wissen heute, dass die Röntgenquelle ein Neutronenstern ist und vom sichtbaren Stern abströmende Materie auffängt, die sich beim Aufprall auf die Sternoberfläche an den Magnetpolen so stark erhitzt, dass sie Röntgenstrahlung aussendet. Im Rhythmus der Rotation des Neutronensterns erreicht uns alle 1,24 Sekunden ein Röntgenblitz. Dass Hoffmeister die Regelmäßigkeit im Lichtwechsel seines veränderlichen Sternes nicht erkannt hatte, liegt wahrscheinlich daran, dass die Röntgenquelle aus uns unbekannten Gründen immer wieder einmal vorübergehend aussetzt und auch die Helligkeit von HZ Herculis manchmal über Jahre hinweg konstant bleibt.

Nach dieser Entdeckung füllten sich die Fachzeitschriften mit Arbeiten über die Röntgenquelle im Herkules. Sie wurde zu einem Lieblingsobjekt der Röntgenastronomen. Damit wurde auch Hoffmeisters Stern im Herkules berühmt.

... und so wurde der Stern zum Star.

Heavy Metal

Vor vielen Jahren teilte ich mein Arbeitszimmer mit einem Spektroskopiker. Dabei lernte ich, dass er fast alle chemischen Elemente als „Metalle“ bezeichnete. Für ihn war alles Metall, was nicht Wasserstoff oder Helium war. Da der menschliche Körper kein Helium enthält und zehn Prozent seines Körpergewichtes Wasserstoff sind, war ich für ihn zu 90 Prozent metallisch. Wenn er mich ansah, schien es mir manchmal, als prüfe er, ob ich schon Rost angesetzt hätte.

Die Astrophysiker benutzen den Begriff „Metall“ recht eigenwillig. Die Materie des Kosmos, sei sie nun in Sternen konzentriert oder im Raum zwischen den Sternen verteilt, besteht nahezu immer aus den gleichen chemischen Elementen. Auch das Mischungsverhältnis ist ziemlich einheitlich: 69 Gewichtsprozent sind Wasserstoff und 29 Prozent Helium. Die restlichen zwei Prozent teilen sich alle anderen chemischen Elemente, vom Lithium bis zum Uran, also die Metalle der Astrophysiker. Warum aber nennen sie Sauerstoff und Schwefel Metalle, wo doch jedes Kind in der Schule lernt, dass sie keine sind?

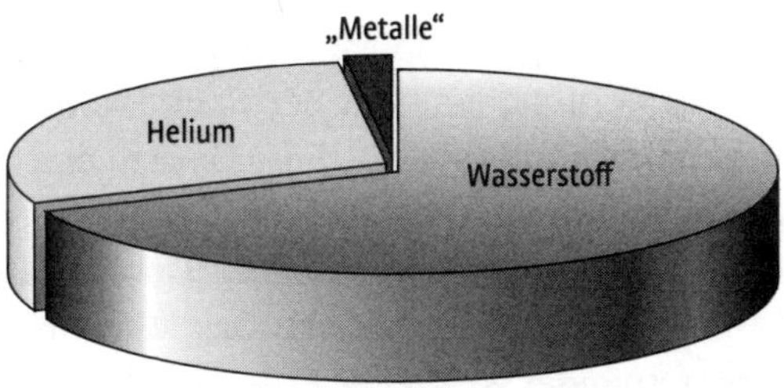

„Metalle“ machen nur einen kleinen Teil des kosmischen Kuchens aus.

Das chemische Einheitsgebräu

Alle Informationen über die chemische Zusammensetzung von Sternen erhält man aus ihren Spektren (vgl. hierzu auch S. 34), die charakteristisch sind wie Fingerabdrücke. Die verhältnismäßig kühlen äußeren Gashüllen der Sterne filtern Licht, das für ihre Atome charakteristisch ist, aus der Strahlung heraus, die aus dem Sterninneren kommt. Sie erzeugen so im Spektrum des Sterns dunkle Linien. Mit ihnen kann der Spektroskopiker die Sternmaterie aus der Ferne chemisch analysieren.

Besonders gut sind in den Sternspektren die Linien des Eisens zu erkennen. Da es überall im gleichen Verhältnis mit den anderen schwereren Elementen gemischt ist, so sagen seine Linien auch etwas über die Häufigkeit der anderen „Metalle" aus. Deshalb sprechen die Astrophysiker vereinfachend von der Metallhäufigkeit, wenn sie die Häufigkeit der höheren chemischen Elemente meinen. Diese bilden den Bodensatz, der übrig bleibt, wenn der kosmischen Materie die leichtflüchtigen Gase Wasserstoff und Helium entwichen sind.

Der uns nächste Fixstern Proxima Centauri, dessen Licht mehr als vier Jahre zu uns unterwegs ist, besteht ebenfalls aus dem gleichen chemischen Gebräu wie die Sonne. Aber auch die Sterne in den fernsten Spiralnebeln, deren Licht uns erst nach Millionen oder Milliarden Jahren erreicht, bestehen aus dem gleichen Gemisch. Die Erde und die Planeten Merkur, Venus und Mars hingegen zeigen eine ganz andere Zusammensetzung. Sie enthalten nur wenig Wasserstoff und Helium.

Der Grund hierfür liegt in ihrer Entstehungsgeschichte. Als sie sich bildeten, blies ein starker, von der Sonne kommender Gasstrom, der so genannte *Sonnenwind*, diese Gase in den Raum – nur der Bodensatz blieb übrig und bildete die Planeten. Doch auch die Bestandteile dieser Planeten folgen einer Gesetzmäßigkeit, die sich überall im Weltraum wiederfindet. Das Mischungsverhältnis der Metalle untereinander ist auf der Erde dasselbe wie das auf der Sonne. Die gleiche Mischung haben auch Meteoriten, die von irgendwoher aus dem Raum auf die Erde fallen. Selbst die fernsten Sterne zeigen diese Mischung auf. Immer sind unter den Metallen Sauerstoff und Kohlenstoff die häufigsten, gefolgt von Nickel und Stickstoff, Silizium und Magnesium. An siebenter Stelle folgt das Eisen, an achter der Schwefel.

Alle chemischen Elemente, die wir von der Erde her kennen, gibt es auch im Weltall, und dort gibt es keine, die wir nicht schon auf der Erde gefunden hätten. Warum aber haben die Elemente des Bodensatzes nahezu überall das gleiche Mischungsverhältnis? Der Grund hierfür lautet: Die Materie des Weltraumes hatte überall die gleiche Geschichte.

Reaktormüll aus Sternen

Der in den USA arbeitende russische Physiker George Gamow (1904–1968) glaubte in den 1950er-Jahren, alle chemischen Elemente seien kurz nach dem Urknall entstanden. Tatsächlich bildeten sich nur die Atome von Wasserstoff und Helium und wahrscheinlich auch noch Spuren von Lithium in den ersten Minuten nach dem Urknall. Die anderen Elemente, die uns umgeben, entstanden erst später im Inneren der Sterne. Dort wandelt sich in Fusionsprozessen Wasserstoff in Helium um und setzt dabei Kernenergie frei. Sie lässt die Sterne strahlen, denn Sterne sind Kernreaktoren, und in ihnen werden chemische Elemente bis hinauf zum Uran zusammengekocht. Das haben vier Astrophysiker im Jahre 1957 nachgewiesen: das englische Ehepaar Geoffrey und Margret Burbidge, der amerikanische Physiker Willy Fowler (1911–1995) und der Engländer Fred Hoyle (1915–2001).

Dies war eine der bedeutendsten astronomischen Leistungen des vergangenen Jahrhunderts. Ihre Veröffentlichung wird nach den Anfangsbuchstaben der Nachnamen der Autoren B^{2}FH

*Die Autoren des Artikels B^{2}FH von links nach rechts: Geoffrey Burbidge (*1925), Margret Burbidge (*1919), William Fowler (1911–1995) und Fred Hoyle (1915–2001).*

George Gamow (1904–1968), der Enkel eines zaristischen Generals, glaubte in den 1950er-Jahren, alle chemischen Elemente seien kurz nach dem Urknall entstanden.

(Bequadrateffha) genannt. Darin zeigten sie, dass, wenn der Wasserstoff in den Zentralgebieten der Sterne restlos zu Helium geworden ist, die Heliumkerne zu Kohlenstoff, Sauerstoff und Neon verschmelzen. Bei weiteren Kernreaktionen entstehen auch Neutronen, die ungehindert in andere Kerne eindringen und kompliziertere Atomkerne bilden – bis hinauf zum Wismutkern, der aus 83 Protonen und 127 Neutronen besteht. Da die Sterne Materie

Ein Kochrezept für Weltraummaterie

Zutaten: Ein Weltall voller Protonen. Die besten Ergebnisse erhält man bei einer Dichte von etwa einem hundertstel Gramm pro Liter.

- Die Protonen erhitze man 3½ Minuten lang in der Strahlung des Urknalls auf einige Milliarden Grad. Dabei verschmelzen sie miteinander und wandeln sich zum Teil in Neutronen um. Es entstehen die leichtesten Atomkerne: die verschiedenen Arten des Wasserstoffs, des Heliums und Spuren von Lithium.
- Man lasse das so entstandene Gemisch eine Milliarde Jahre lang abkühlen und forme daraus Sterne von einem Zehntel bis zum Hundertfachen der Masse der Sonne. Ihre Schwerkraft hindert sie am Zerfallen, und sie garen ganz von selbst weiter, da in ihnen Kernprozesse ablaufen und andere chemische Elemente bilden. Vor allem wandelt sich Wasserstoff in Helium um.
- Die massereicheren Sterne von zehn Sonnenmassen und mehr zerplatzen nach wenigen Millionen Jahren als *Supernovae.* Bei diesen Explosionen werden auch im Stern neu gebildete „Metalle", vom Kohlenstoff bis zum Uran, ins All geschleudert. Dort vermischen sie sich mit dem Gas zwischen den Sternen. Nach Milliarden von Jahren blasen auch die masseärmeren Sterne einen Teil ihrer Materie als Sternwind in den Raum und reichern dort das interstellare Gas mit Metallen an.
- Aus dem nunmehr mit Metallen verunreinigten Gas forme man Sterne der nächsten Generation. Einige Generationen später rühre man das Gas nochmals um und serviere es einem Spektroskopiker zur chemischen Analyse.

in den interstellaren Raum abblasen, reichert sich das Gas zwischen den Sternen mit ihrem Reaktormüll an – eben mit den Metallen.

Noch schwerere Atomkerne entstehen in Sternen, die etwa aus dem Zehnfachen der Sonnenmasse und mehr bestehen. In ihnen bildet sich durch fortwährende Kernreaktionen ein massereicher Eisenkern, der irgendwann schlagartig in sich zusammenbricht. Dabei werden Neutronen frei, die in den Atomen der Sternhülle stecken bleiben und höhere Elemente bis hinauf zum Uran bilden. Die in diesem „Neutronenblitz" gebildeten Elemente werden in den Raum geschleudert und unter das interstellare Gas gemischt. Aus der Menge der Metalle in einem Stern kann man also auf sein Alter schließen: Je jünger, aus umso metallreicherer Materie hat er sich gebildet.

Bereits Anfang der 1950er-Jahre hatte Gamow in einem Buch Folgendes vorausgesagt: „Man kann die Tabelle der Häufigkeiten der verschiedenen Atomsorten als die älteste Chronik des Weltalls ansehen." Im Jahre 1957 haben die Autoren Bequadrateffha die wichtigsten Teile dieser Chronik verstanden und erklärt, wie sich im Laufe von Jahrmilliarden die chemischen Elemente im Kosmos mit den beobachteten Häufigkeiten gebildet haben.

Wie David und Goliath

Die Reise ging von Bombay nach Venedig. Anfangs war der noch nicht mal 20 Jahre alte indische Student an Bord des italienischen Linienschiffes *Lloyd Triestino* seekrank. Als die See dann aber ruhiger wurde, begann er, wieder an seiner begonnenen Abhandlung zu schreiben. Es ging um die Anwendung der damals neuen Quantenmechanik auf den Aufbau der *Weißen Zwerge*. Das war im Jahre 1930. Mit einem Stipendium seiner Regierung in der Tasche, wollte der junge Mann in Cambridge seinen Doktor machen. Im Reisegepäck hatte er das Buch „The Internal Constitution of the Stars“ des englischen Astrophysikers Arthur Eddington und das Werk „Atombau und Spektrallinien“ des Münchner Physikers Arnold Sommerfeld.

Die unkonventionelle Idee eines mutigen Inders

Im Jahre 1844 hatte ein amerikanischer Optiker beim Testen eines für die Sternwarte von Chicago neu gebauten Fernrohres das winzige Sternchen entdeckt, das um den Stern Sirius kreist. In ihm ist die Materie extrem dicht zusammengepresst. Später fand man weitere Sterne dieser Art, man nannte sie Weiße Zwerge (vgl. auch S. 126). Der Druck des Gases wird wegen der hohen Dichte durch Quanteneffekte bestimmt, wie sie die Physiker Enrico Fermi und Paul Dirac gefunden hatten. Während die Geschwindigkeit der Teilchen normalerweise die Temperatur eines Gases bestimmt (je schneller die Teilchen, umso heißer das Gas), so besitzen die Elektronen bei hoher Verdichtung selbst am absoluten Nullpunkt große Geschwindigkeiten. Man sagt, das Gas der Elektronen sei *entartet*. Bei noch höheren Dichten werden die Elektronen so schnell, dass Effekte der Speziellen Relativitätstheorie wichtig werden. Man spricht dann von *relativistischer Entartung*.

Als der indische Student prüfte, wie diese Art von Gasen einen stark komprimierten Stern bilden können, bemerkte er, dass es nicht möglich ist, aus beliebig viel Materie einen Weißen Zwerg zu

Subrahmanyan Chandrasekhar (1910–1995) bei seiner Promotion im Jahre 1933.

formen, in dem Gasdruck und Schwerkraft einander das Gleichgewicht halten. Besitzt der Stern zu viel Materie, kommt der Gasdruck nicht gegen die Schwerkraft an. Der Stern würde in sich zusammenstürzen. Das hatte bis dahin noch niemand bemerkt. Später nannte man diese Massengrenze für Weiße Zwerge nach dem Studenten die „Chandrasekhar-Grenzmasse für Weiße Zwerge". Denn der Name des jungen Studenten war Subrahmanyan Chandrasekhar (1910–1995). Mehr als 50 Jahre später erhielt er aus der Hand des schwedischen Königs den Nobelpreis für Physik.

Doch zurück in das Jahr 1930. Da war er noch der unbekannte Student, der in Cambridge ankam, in der Stadt, die große Gelehrte wie Ralph Howard Fowler, den Meister der statistischen Mechanik, beherbergte sowie Ernest Rutherford, der das erste Atom gespalten hatte. Da war Paul Dirac, dessen Theorie die ersten Hinweise auf Antimaterie geliefert hatte. Und da war der große Astrophysiker Sir Arthur Eddington, der Papst der Theorie des Sternaufbaus, der im Jahre 1919 bei einer Sonnenfinsternis die Richtigkeit von Albert Einsteins Allgemeiner Relativitätstheorie bewiesen hatte.

In dieser Gelehrtenstadt tauchte nun der junge Doktorand auf und behauptete, Weiße Zwerge könnten nicht mehr Masse in sich vereinigen als das 1,44fache der Sonnenmasse. Für diese These

Arthur Eddington (1882-1944)

sprach, dass von den wenigen Weißen Zwergen, deren Masse man kannte, keiner diese Grenzmasse überschritt. Die Masse des Siriusbegleiters liegt bei 0,98 Sonnenmassen. Dagegen sprach, dass Eddington dies nicht glaubte.

Ein lange währender Kampf

Obwohl Chandrasekhar Eddingtons Vorlesungen hörte, dauerte es lange, bis er Gelegenheit hatte, dem Meister seine Vorstellungen zu unterbreiten. Im Januar 1935 bei einem Treffen der Royal Astronomical Society in London prallten die beiden Meinungen schließlich aufeinander. David und Goliath standen sich gegenüber. Der große Eddington ließ keinen Zweifel daran, dass er die angebliche Grenzmasse für Weiße Zwerge für Unsinn hielt. Da half es auch nichts, dass der junge Inder sich Unterstützung aus der Schule von Niels Bohr in Kopenhagen holte.

Ende 1935 siedelte Chandrasekhar in die USA über, arbeitete zuerst an der Harvard-Sternwarte und nahm ein Jahr später ein Angebot vom Direktor der Yerkes-Sternwarte in Chicago an. Im Juni 1952 wurde er Herausgeber des „Astrophysical Journal", das er zur wichtigsten astrophysikalischen Zeitschrift der Welt machte. Immer wieder griff Chandrasekhar ein bestimmtes Forschungsgebiet auf, krempelte es vollständig um, schrieb ein Buch darüber und wandte sich danach einem anderen Themenkreis zu. War es anfangs die Theorie der Sternatmosphären, so folgten bald der innere Aufbau der Sterne, die Stellardynamik, die Stabilität von Flüssigkeiten und Gasen und die Theorie der Schwarzen Löcher.

Zwar wurde die Existenz der Grenzmasse für Weiße Zwerge später allgemein akzeptiert, doch die Astronomen waren sehr zögerlich, gleichzeitig zuzugeben, dass der große Eddington sich geirrt haben könnte. Chandrasekhar erhielt viele Ehrungen, dabei wurden seine Verdienste auf den verschiedensten Gebieten hervorgehoben, aber fast immer wurde seine größte Leistung in den Lobreden übergangen. Niemand wollte am Denkmal des im Jahre 1944 verstorbenen Arthur Eddington kratzen. Den Nobelpreis im Jahre 1983 erhielt er aber schließlich doch für die Entdeckung der Grenzmasse der Weißen Zwerge. Ein im Juli 1999 gestarteter Röntgensatellit erhielt ihm zu Ehren den Namen *Chandra*.

Ein Theoretiker, wie er im Buche steht

Chandrasekhar beherrschte die kompliziertesten mathematischen Formalismen. Er scheute sich nicht, in seine Arbeiten seitenlange Formeln aufzunehmen. Von Beobachtungen hinter dem Fernrohr hingegen ist nichts bekannt.

So ist vielleicht auch die folgende Geschichte zu verstehen: An einem Wochenende traf er in der Bibliothek des Yerkes-Observatoriums den kleinen Sohn eines Kollegen.

„Hi“, sagte er. „Hi“, antwortete der Junge.

„Ich heiße Chandrasekhar, aber die Leute nennen mich einfach ‚Chandra‘.“ Da hellte sich das Gesicht des Kleinen auf.

„Mein Daddy erzählt zuhause oft von dir und den anderen Astronomen.“

„Weißt du“, entgegnete ihm der alte Herr, „der Chandra ist eigentlich gar kein richtiger Astronom.“

„... das sagt mein Daddy auch immer.“

Fundamental, aber vergessen

Gelehrte zu Galileis Zeiten sicherten sich die Priorität ihrer Entdeckungen und sorgten gleichzeitig dafür, dass sie ihre neuen Erkenntnisse, frei von der Konkurrenz ihrer Kollegen, noch eine Weile alleine nutzen konnten. Dazu verschlüsselten sie ihr Ergebnis in einem Anagramm, wie ich es ab Seite 77 beschrieben habe.

Heutzutage ist das einfacher: Es genügt, eine Arbeit in deutscher Sprache in einer deutschen Zeitschrift zu veröffentlichen. Dies garantiert, dass die internationale Gemeinschaft der Fachkollegen davon keine Kenntnis nehmen wird.

Als sich eine Scheibe um die Sonne drehte

Vor mehr als 50 Jahren promovierte in Göttingen der Student Reimar Lüst. Er arbeitete in der Arbeitsgruppe von Carl Friedrich von Weizsäcker, der sich zu dieser Zeit mit der Entstehung des Planetensystems befasste. Damals wie heute ging man davon aus, dass die eben entstandene Sonne von einer rotierenden Scheibe aus Gas und Staub umgeben war. Auf jedes Teilchen einer solchen Scheibe wirkt die Schwerkraft der Sonne, der die Fliehkraft der Drehbewegung das Gleichgewicht hält. Dabei brauchen die in großem Abstand um die Sonne kreisenden Teilchen für einen Umlauf länger als die ihr näheren. Das gilt auch heute für die Planeten: Jupiter benötigt für einen Umlauf fast 12 Jahre, die Erde eines und der sonnennahe Merkur nur 88 Tage.

Sehen wir uns die Scheibe nun genauer an. Sie kann sich also nicht wie ein starrer Körper drehen wie etwa eine Schallplatte oder eine CD. Wenn die Scheibe aber nicht starr rotiert, dann reiben sich ihre Gas- und Staubmassen aneinander. Reibung erzeugt Wärme, die Scheibe erwärmt sich und strahlt ihre Wärmeenergie in den Raum. Sie verliert dann Energie, die den kreisenden Teilchen entzogen wird. Als Folge davon nähern sich diese der Sonne und gewinnen dabei Energie aus deren Anziehungskraft. Dass man aus Anziehungskraft Energie gewinnen kann, haben wir auf Seite 125 gesehen. Bei einer die Sonne umkreisenden Scheibe bewegt sich die Materie deshalb in engen Spiralbahnen langsam auf die Sonne zu.

Der Doktorand Lüst untersuchte in seiner Arbeit die Vorgänge in solchen Scheiben, in denen dann später die Planeten ausflocken sollten. Dafür verlieh ihm die Göttinger Fakultät den Doktorgrad. Die Arbeit wurde in der „Zeitschrift für Naturforschung“ abgedruckt – und vergessen. Der frisch gebackene Doktor wandte sich danach anderen Problemen zu. Er untersuchte elektromagnetische Phänomene im Weltall und löste als einer der Ersten astronomische Probleme auf elektronischen Rechenmaschinen.

Scheiben um exotische Sterne

In den 1970er-Jahren gelang es anderen Forschern, von den oberen Schichten unserer Atmosphäre und von Satelliten aus die Röntgenstrahlung des Weltalls zu untersuchen (vgl. hierzu auch den Beitrag auf S. 134). Dabei entdeckten sie auch Doppelsterne, die Röntgenstrahlen aussenden. Einer der beiden Sterne ist dabei ein recht exotisches Gebilde, ein *Neutronenstern*, das heißt, ein Stern mit extrem hoher Dichte. Sie ist milliardenfach so groß wie die im Inneren Weißer Zwerge.

Die Schwerkraft des Neutronensterns entzieht dem anderen Stern Materie. Doch diese nimmt ja auch an der Drehbewegung des Doppelsternsystems teil, sie zeigt also selbst eine Drehbewegung. Deshalb hindert die Fliehkraft sie, direkt auf den Neutronenstern zu fallen. Die abgesaugte Materie dreht erst einmal Warteschleifen und nähert sich dabei nur langsam dem Neutronenstern.

Damals lernten die Astronomen auch, dass es Doppelsterne gibt, bei denen Materie einen Weißen Zwerg umkreist. Ob Neutronenstern oder Weißer Zwerg, die abgesaugte Materie bildet eine Gasscheibe. Die Astronomen haben dafür das Wort *Akkretionsscheibe*. Die Doppelsterne mit einem Materie aufsammelnden Weißen Zwerg senden zwar keine Röntgenstrahlen aus, doch leuchtet

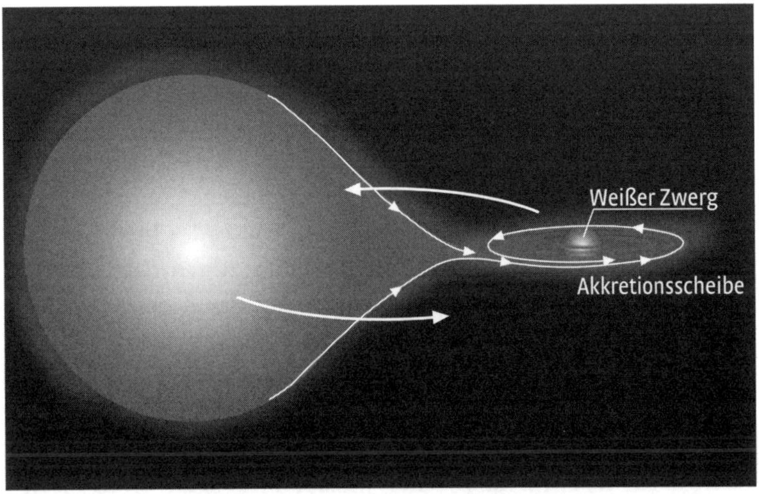

Schema einer Akkretionsscheibe um einen Weißen Zwerg in einem Doppelsternsystem: Ein Riesenstern (links) und ein Weißer Zwerg (rechts) kreisen umeinander. Der Zwerg saugt mit seiner Schwerkraft Materie aus der Atmosphäre des Riesensterns ab. Diese Materie fällt nicht direkt auf den Zwergstern, sondern bewegt sich in einer Akkretionsscheibe spiralförmig nach innen.

ihre Scheibe von Zeit zu Zeit im sichtbaren Licht so hell auf, dass sie die beiden Sterne des Systems überstrahlt. Die Astronomen bezeichnen diese Erscheinung mit dem Zungenbrecher *kataklysmische Veränderliche*. Wahrscheinlich drehen sich auch in den Kernen vieler Galaxien solche Scheiben, in denen sich das Gas in engen Spiralbahnen nach innen bewegt, ehe es dort in einem Schwarzen Loch verschwindet.

Die Physik der Akkretionsscheiben war genau das Problem von Lüsts fundamentaler Doktorarbeit gewesen – aber niemand hatte ja davon Kenntnis genommen. So erschienen um 1973 in England und in der damaligen Sowjetunion Aufsehen erregende Arbeiten, die vieles neu entdeckten, was schon lange bei Lüst nachzulesen gewesen war. Doch da hatte der Göttinger Doktorand längst das Max-Planck-Institut für Extraterrestrische Physik in Garching gegründet und war danach zum Präsidenten der Max-Planck-Gesellschaft avanciert.

Ein Lächeln in Bronze

Als ich im Jahre 1975, nach zehn Jahren an der Göttinger Universität, nach München an das Max-Planck-Institut für Astrophysik ging, wurde Lüst mein oberster Dienstherr. Einige Jahre später benötigten wir an unserem Institut einen neuen Computer, Preis etwa eine Million DM. Dafür reichten die Mittel des Instituts nicht aus, und so beschloss ich, einen Bittgang zum Präsidenten zu machen. Letztlich bekamen wir die neue Maschine, doch das ist die Geschichte:

Es waren die letzten Monate von Lüsts Amtszeit. In der Max-Planck-Gesellschaft ist es üblich, von jedem scheidenden Präsidenten eine Bronzebüste anfertigen zu lassen, und so fragte mich Lüst, ob es mir etwas ausmachen würde, wenn er zur gleichen Zeit dem Künstler Modell säße. Natürlich machte es mir nichts aus, Hauptsache, wir kriegten das Geld für den Computer. So trug ich unseren Wunsch vor, und der Künstler formte gleichzeitig ein Tonmodell des Kopfes meines Präsidenten. Bei jeder Veränderung der Gesichtszüge knetete der Meister sofort nach. Lüst zeigte ein

*Reimar Lüst (*1923)*

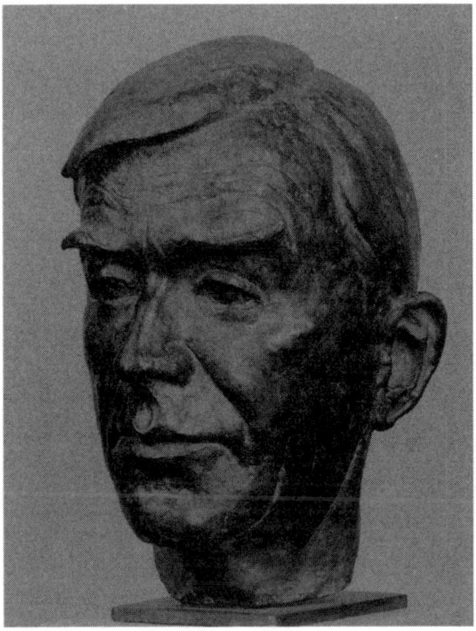

Die Bronzebüste des ehemaligen Präsidenten der Max-Planck-Gesellschaft Reimar Lüst.

freundliches Gesicht, immerhin sollte ihn die Nachwelt in guter Erinnerung behalten. Doch lächeln Sie mal, wenn jemand eine Million von Ihnen haben will! In diesem Augenblick musste ich an den Ausspruch eines gemeinsamen, längst verstorbenen Freundes denken: „Vorne haben wir gelächelt, aber hinten haben wir mit den Zähnen geknirscht." Als ich ihn anschnorrte, erstarrte Lüsts Lächeln. Ich sehe sein Gesicht noch heute vor mir.

... und das ist jetzt in Bronze gegossen.

Aus den Tiefen des Alls

Wie groß ist ein Lichtpunkt?

Was haben Kernphysiker und Astrophysiker gemeinsam? Sie erforschen Dinge, die sie nicht anfassen können. Die Kernphysiker können sich damit behelfen, dass sie die Objekte ihrer Begierde mit Teilchen höchster Energie beschießen. Die Ablenkungen der Geschosse an den Atomkernen und ihren Bestandteilen verraten, wie groß die beschossenen Objekte sind. Je höher die Energie der Projektile, umso feiner können sie die Objekte abtasten.

Die Astronomen haben es nur bei Körpern einfach, die am Himmel ausgedehnt erscheinen – doch auch das nur auf den ersten Blick. Sonne und Mond erscheinen am Himmel gleich groß, trotzdem ist der Durchmesser der Sonne in Wirklichkeit 400-mal größer als der des Mondes. Doch das wissen die Astronomen erst, seit sie die Entfernungen der beiden Himmelskörper bestimmen konnten. Aus dem Durchmesser, mit dem ein Körper am Himmel erscheint, und seiner Entfernung folgt nach einer einfachen Rechnung auch seine wahre Ausdehnung.

Schwieriger wird es, wenn die Objekte selbst in den größten Fernrohren nur als Lichtpunkte zu erkennen sind. Seit aber bekannt ist, dass die Sterne in grober Annäherung so strahlen wie glühende Körper auf der Erde, und seit man die Gesetze kennt, nach denen diese Strahlung ausgesandt wird, können die Astronomen auf indirektem Weg den Durchmesser eines punktförmigen Sterns bestimmen. Allerdings müssen sie hierfür seine Entfernung kennen, um daraus abzuleiten, wie viel Energie der Stern in der Sekunde abstrahlt. Der Fachausdruck dafür ist die *Leuchtkraft* des Sterns.

Weißer Sirius, rote Beteigeuze

Sie hat indes nichts mit dessen Helligkeit am Himmel zu tun, denn ein Stern kann hell sein, wenn er nahe steht, obwohl er nur eine niedrige Leuchtkraft hat. Er kann dem Beobachter schwach erscheinen, obwohl er eine große Leuchtkraft hat, weil er einfach nur weit entfernt ist. Kennt man seine Entfernung, so kann man seine Leuchtkraft aus seiner Helligkeit am Himmel, der so genannten *scheinbaren Helligkeit,* berechnen.

Das Licht verrät durch seine Farbe die Oberflächentemperatur eines Sterns. So wie ein glühendes Stück Eisen bei hoher Temperatur weiß und bei niedrigerer Temperatur rötlich leuchtet, so erscheint uns der Sirius, der hellste Stern des Nachthimmels, weiß, da er eine Temperatur von nahezu 10 000 Grad besitzt. Beteigeuze dagegen, der hellste Stern im Sternbild Orion, leuchtet rötlich. Dieser Stern hat eine Oberflächentemperatur von nur etwa 3000 Grad. Die Astronomen, die Hitze gewohnt sind, nennen ihn daher einen kühlen Stern.

Nun weiß man, dass der Quadratzentimeter einer heißen Oberfläche ungleich mehr Energie in den Raum strahlt als der Quadratzentimeter einer kühleren Oberfläche. Es gilt: Doppelte Temperatur – 16fache Abstrahlung, dreifache Temperatur – 81fache Abstrahlung. Tatsächlich strahlt ein Flächenstück der Siriusoberfläche etwa 100-mal mehr Energie in der Sekunde ab als ein gleich großes Stück der Oberfläche der Beteigeuze. Wenn also ein Stern am Himmel rötlich erscheint, wissen wir, dass seine Temperatur verhältnismäßig niedrig ist und ein Quadratzentimeter seiner Oberfläche wenig Energie aussendet.

Wenn nun die Leuchtkraft eines kühlen Sterns groß ist, dann müssen an seiner Oberfläche viele schwach strahlende Quadratzentimeter Platz haben: Der Stern muss groß sein. Umgekehrt folgt, dass Sterne niedriger Leuchtkraft, aber hoher Temperatur, klein sein müssen. Diese hier nur qualitativ vorgebrachten Argumente genügen den Astronomen, die Größe von Sternen zu bestimmen. Sie müssen dazu die scheinbare Helligkeit, die Farbe und die Entfernung des Lichtpunktes kennen.

Die Ausdehnung unsichtbarer Punkte

Was aber, wenn man das Objekt gar nicht sieht oder wenn es gar nicht wie ein glühender Körper strahlt? Auch da sind die Astronomen nicht ganz verloren. Im Jahre 1967 wurden die *Pulsare* entdeckt, Radioquellen, die ihre Strahlung nicht gleichförmig, sondern in Form von Radiopulsen im Sekundenrhythmus oder schneller in den Raum senden. Die Schnelligkeit, mit der die Strahlung eines unbekannten Objektes sich ändert, gibt einen Hinweis auf die Größe des aussendenden Raumgebietes.

Nehmen wir der Einfachheit halber an, das Objekt sei eine Kugel, die einen kurzen Lichtblitz aussendet. Was sieht ein Beob-

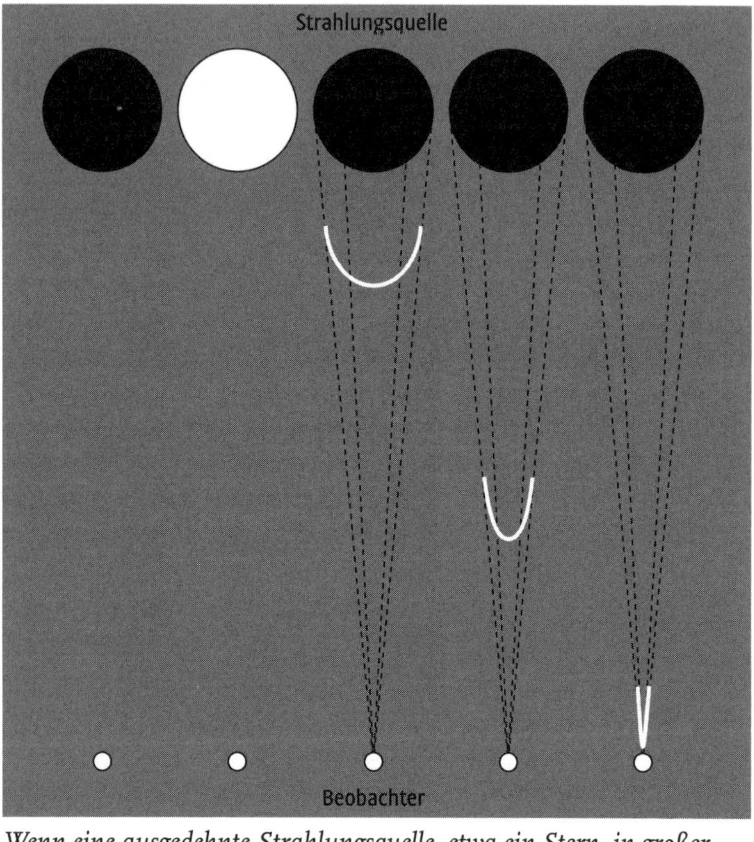

Wenn eine ausgedehnte Strahlungsquelle, etwa ein Stern, in großer Entfernung kurz aufblitzt (weißer Kreis), dann kommt das Licht von verschiedenen Stellen der Strahlungsquelle zu verschiedenen Zeiten beim Beobachter an. Der Lichtblitz erscheint ihm über einen längeren Zeitraum verschmiert.

achter, wenn er so weit von der Kugel entfernt ist, dass sie ihm nur als Punkt erscheint? Die Strahlung geht mit Lichtgeschwindigkeit durch den Raum. Die von verschiedenen Stellen der Kugel ausgesandte Strahlung hat verschieden lange Wege zurückzulegen, ehe sie das Auge des Beobachters erreicht. Zuerst erreicht ihn das Signal, das von der ihm nächsten Stelle der Kugeloberfläche kommt. Das Licht von anderen Stellen, von denen es einen längeren Weg zurücklegen musste, trifft etwas später ein. Zuletzt kommt die Nachricht vom Rand der für ihn sichtbaren Kugelhälfte. Aus dem scharfen Blitz wird ein zeitliches verschmiertes Signal, ein Ansteigen und Absinken der Helligkeit.

Die Zeit zwischen der Ankunft des ersten Lichtsignals bis zum letzten entspricht der Zeit, die das Licht benötigt, um den Radius der Kugel zu durchlaufen. Beträgt also etwa der Zeitunterschied zwischen dem Beginn des An- und dem Ende des Abschwellens eines empfangenen Pulses eine tausendstel Sekunde, dann kann die Strahlungsquelle nicht größer als etwa 300 Kilometer sein. Das ist kleiner als die Entfernung München – Heidelberg.

Sterne aus Neutronen und Quasare

Bis zur Entdeckung der Pulsare galten die Weißen Zwerge als die kleinsten Sterne. Sie haben etwa die Größe der Erde. Astronomen und theoretische Physiker vermuteten aber schon früher, dass es noch kleinere Sterne geben könnte, die *Neutronensterne.* Doch niemand hatte bis dahin je einen gesehen. Sollte es sich bei den Pulsaren um Neutronensterne handeln?

Bald zeigte sich, dass jeder Pulsarpuls noch eine Feinstruktur besitzt, bei der die Strahlungsenergie Schwankungen innerhalb von zehntausendstel Sekunden zeigt. Damit konnte man auf eine Größe der Strahlungsquelle von nur 30 Kilometer schließen, was der Größe der theoretisch vorhergesagten Neutronensterne entsprach. Schließlich erkannte man, dass die Pulse dadurch zu Stande kommen, dass der Stern zwei Strahlungskegel in den Raum sendet, die mit dem Stern rotieren und wie die Lichtkegel eines Leuchtturms über den Beobachter streichen. Aus der Zeit, mit der

Der Blick ins Innere der Galaxie M 87. Aus dem punktförmigen Kern (links oben) schießt ein gebündelter Strahl von Teilchen mit hoher Geschwindigkeit heraus. Im Kern selbst steht vielleicht ein Schwarzes Loch, in das Materie stürzt.

die Pulse aufeinander folgen, lässt sich die Rotationsdauer abschätzen. Sie liegt im Bereich von Sekunden und weniger. So rasch kann kein normaler Stern rotieren, nicht einmal ein Weißer Zwerg, ohne von der Fliehkraft zerrissen zu werden. Nur auf Neutronensternen ist die Schwerkraft so stark, dass ihnen derart hohe Fliehkräfte nichts anhaben. Inzwischen wissen wir, dass nicht nur die Pulsare, sondern auch die später entdeckten Röntgensterne Neutronensterne sind (vgl. S. 138).

Die Größenbestimmung mit Hilfe der Laufzeit des Lichtes brachte auch den entscheidenden Hinweis auf die Natur der Kerne von Galaxien. Aus den Zentralgebieten mancher Galaxien dringt so starke Strahlung nach außen, dass sie das Licht der Milliarden Sterne der Galaxie überstrahlt. Von *Quasaren*, das sind Galaxien, die sich zuerst durch ihre Radiostrahlung verrieten, sah man anfangs überhaupt nur den punktförmigen Kern (daher der Begriff „quasistellar radio source", abgekürzt „Quasar").

Die Strahlung dieser extrem hellen Galaxienkerne ändert sich mit der Zeit, manchmal innerhalb von Stunden. Daraus folgt, dass eine solche enorm leistungsfähige Strahlungsquelle bequem in unserem Sonnensystem Platz hätte. Und aus einem solch kleinen Raumgebiet kommt so viel Strahlungsenergie, dass sie die Strahlungsleistung der Milliarden Sterne des gesamten Systems übertrifft! Mit dieser Überlegung kamen die Astronomen letztlich zu dem Ergebnis, dass in den Zentren dieser Galaxien, und wahrscheinlich auch in denen anderer, ein Schwarzes Loch stehen muss.

„Es ist schon toll, was die Astronomen so machen!", erzählte ein Besucher nach der Führung in einer Sternwarte seiner Frau. „Die können die Temperaturen der Sterne bestimmen und die wissen, wie groß der Stern Beteigeuze ist, obwohl sie ihn nur als Lichtpunkt sehen. Nur eines habe ich nicht verstanden: Woher wissen sie, dass der Stern so heißt?"

Weizsäckers Kuh und die Milchstraße

William Parsons, der dritte Graf von Rosse (1800–1867), hat sie als Erster gesehen. Sein Teleskop mit einem Durchmesser von 1,82 Metern und einer Länge von 16,6 Metern sammelte das Licht aus dem Weltall mit einem vier Tonnen schweren Metallspiegel. Durch den Tubus konnte ein Mann aufrecht gehen, angeblich sogar mit aufgespanntem Regenschirm.

Der Graf und die Spiralen

Mit seinem Riesenfernrohr erkannte der Graf im Nebelfleck M 51 im Sternbild der Jagdhunde eine Spiralstruktur. Seither wissen wir, dass viele extragalaktische Sternsysteme Spiralen zeigen. Im Jahre 1958 entdeckten holländische Radioastronomen, allen voran Jan Oort, dass auch unser eigenes Milchstraßensystem eine Spiral-

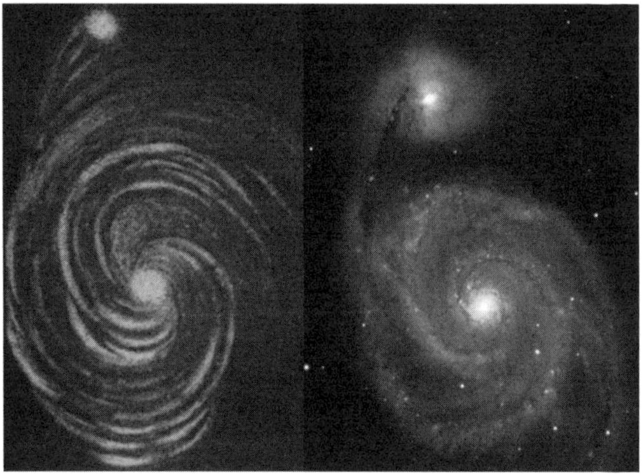

Links: Die Spiralgalaxie M 51, wie sie vom Grafen von Rosse im Jahre 1850 am Fernrohr gezeichnet wurde. Rechts: M 51 mit moderner Technik aufgenommen.

struktur besitzt. Das war sehr viel schwieriger zu erkennen, denn wir sehen das System von innen her. So waren raffinierte Beobachtungen und ihre Deutung notwendig, um die Spiralarme der Milchstraße nachzuweisen. Fotografische Bilder anderer Sternsysteme, auf die wir von außen blicken, zeigen schon auf den ersten Blick wunderbare Spiralen.

Wie kommt es, dass in den scheibenförmigen Ansammlungen von Sternen, Gas und Staub, die sich um den Mittelpunkt der Scheibe drehen, spiralige Strukturen entstehen können? Woraus besteht ein Spiralarm, warum fällt er dem Beobachter ins Auge? Wegen der hellen, blauen, massereichen Sterne, die nicht nur selbst leuchten, sondern auch das Gas in ihrer Umgebung zum Leuchten anregen.

Das Experiment mit der Kuh

Spiralen sind in der Natur nichts Ungewöhnliches. Gießen Sie vorsichtig etwas Milch in Ihren Kaffee und rühren Sie um. Der Kaffee rotiert in der Nähe des Tassenrandes langsamer als in der Mitte. So werden alle Strukturen durch die Rotation aufgewickelt, es entstehen Spiralen. Auch bei den Sternsystemen benötigen die Sterne der äußeren Regionen für einen Umlauf mehr Zeit als die inneren. Ein Stern am Rand unserer Milchstraßenscheibe benötigt drei- bis viermal länger als ein Stern in der Nähe der Scheibenmitte. Man spricht von *differenzieller Rotation*. Jede Struktur wird durch sie aufgewickelt. Der Physiker und Philosoph Carl Friedrich von Weizsäcker meinte einmal: „Die Milchstraße muss heute Spiralform haben, selbst wenn sie anfangs ausgesehen hat wie eine Kuh.“ In den 60er-Jahren des letzten Jahrhunderts sind an der Göttinger Sternwarte Alfred Behr, Alfred Weigert und ich diesem Ausspruch nachgegangen. Das Ergebnis ist in der Abbildung auf S. 164 dargestellt. Die Rotation macht aus jeder Kuhgalaxie eine Spiralgalaxie.

Doch ganz so einfach ist es nicht. Um aus einer beliebigen Anfangsstruktur unseres Milchstraßensystems schöne Spiralen zu machen, reichen etwa 100 Millionen Jahre. Unser Milchstraßensystem ist aber 100-mal so alt. Die Anfangs-Kuh müsste sich noch

In einer differenziell rotierenden Scheibe wie unserem Milchstraßensystem bilden sich aus jeder Anfangsfigur im Laufe der Zeit Spiralen aus.

viel enger aufgewickelt haben. Die Spiralen müssten heute so dünn sein wie die Rillen einer alten Langspielplatte. Doch die Spiralnebel sind nicht so fein gewickelt. Warum nicht? Sie bestehen doch aus Sternen und dem interstellaren Medium aus Gas und Staub. Diese nehmen an der differenziellen Rotation teil. Warum haben sie sich nicht aufgewickelt? Der Grund: Die Spiralen bestehen nicht immer und ewig aus derselben Materie.

Was Spiralarme und Kerzenflammen gemein haben

Betrachten wir dazu die Flamme einer Kerze. Sie leuchtet, weil sich in ihr brennbares Gas mit Sauerstoff verbindet. Die dabei frei werdende Energie lässt das Gas leuchten und bringt den bei der Verbrennung entstehenden Ruß zum Glühen. Die Flamme wird durchströmt, sie selbst bewegt sich aber nicht mit der Materie nach oben. Die Flamme besteht also nicht immer aus derselben Materie. Sie ist nur ein Zustand, nämlich der Zustand, in dem das Gas brennt. Was aber bedeutet das für einen Spiralnebel?

Die Spiralarme heben sich vom Rest des Nebels ab, weil in ihnen gerade Sterne entstanden sind. Die massereichsten unter ihnen sind besonders heiß und leuchtkräftig. Sie regen das sie umgebende Gas zum Leuchten an und dominieren so den Spiralarm. Doch gerade die massereichen Sterne verbrauchen ihren nuklearen Energievorrat verhältnismäßig schnell, sie verblassen schon nach Millionen Jahren – für Sterne eine kurze Zeit. Danach sind sie unscheinbar. Sind sie erloschen, haben sie durch die Rotation der Materie den Spiralarm verlassen und hinter ihnen leuchten dafür neu entstandene massereiche Sterne auf. Da wir wissen, dass Sterne entstehen, wenn das interstellare Gas verdichtet wird, ergibt sich damit das folgende Bild:

Interstellares Gas und alte Sterne bewegen sich um das Zentrum. Nach einiger Zeit kommen sie an eine Stelle, an der die Schwerkraft der Sterne das Gas verdichtet. Neue Sterne flocken aus. Die massereichen unter ihnen, also die von mehr als 20 Sonnenmassen, leuchten hell, strahlen aber nicht lange, und verlassen den Spiralarm. Da der Spiralarm nur der Ort ist, an dem die Schwerkraft die Materie verdichtet, wird die Materie durch die differenzielle Rotation nicht aufgewickelt.

Eine Kerzenflamme ist der Zustand des sie durchströmenden Gases, in dem es leuchtet.

Wo kommen die Spiralarme her?

Es bleibt die Frage, warum die Sterne mit ihrer Schwerkraft das interstellare Gas verdichten. Man hat in Computermodellen die Bewegung von Tausenden von Massepunkten untersucht, die sich wie die Sterne der Milchstraße in einer Scheibe um das Zentrum bewegen und gegenseitig anziehen. Dabei bildeten sich spiralige Verdichtungen, deren Schwerkraft in einem wirklichen Sternsystem das interstellare Gas komprimiert und längs der Spiralen Sternentstehung auslöst. So wie in den Schallwellen die Verdichtungen der Luft nicht immer aus denselben Luftmolekülen bestehen, so enthalten die Spiralarme höherer Sterndichte nicht immer dieselben Sterne, sie werden von Sternen durchströmt. Doch trotz jahrzehntelanger Untersuchungen gibt es bis heute keine allgemeine Theorie zur Entstehung der Spiralarme.

Vielleicht werden uns die modernen, vom Weltraumteleskop *Spitzer* gelieferten Infrarotbilder helfen, das Rätsel des Ursprungs der Spiralarme zu lösen. Im infraroten Bereich des Spektrums leuchtet vor allem der Staub, dessen Temperatur bei weniger als –100 °C liegt. Während wir im sichtbaren Licht in den Spiralarmen die jungen Sterne sehen und die Gasmassen, die von ihnen beleuchtet werden, zeigen uns die Infrarotbilder den Staub. Wir sehen seine Verdichtungen, in denen Sterne entstehen werden, aber auch Staubwolken, in denen vor kurzem schon Sterne entstanden sind, deren Licht den Staub noch nicht durchdringen kann. Die neuen Bilder lassen eine bis dahin ungeahnte Feinstruktur in der Verteilung des Staubes in den Armen des Spiralnebels M 81 erkennen.

Würden die Sterne nicht verstärkte Gravitationsfelder entlang spiraliger Arme erzeugen, keine Galaxie würde so schöne Spiralen zeigen. Diese wären aber auch nicht da, wenn die massereichen Sterne Jahrmilliarden lang leben würden wie unsere Sonne. So verdanken wir die schönen Bilder von Spiralgalaxien einer Eigenschaft der Sterne, die sie mit den Menschen gemein haben: Je größer die Masse, umso geringer die Lebenserwartung.

Oben: Die Spiralen der Galaxie M 81 sind im sichtbaren Licht recht unscheinbar. Unten: In diesem vom Weltraumteleskop Spitzer *gewonnenen Infrarotbild von M 81 leuchten sowohl der Staub, der sich verdichtet, um neue Sterne zu bilden, als auch die Staubwolken, in deren Innerem bereits Sterne entstanden sind.*

Der doppelte Doppler

62 Jahre danach beschäftigt eine kurze Veröffentlichung aus den 1930er-Jahren von nicht ganz drei Seiten die astronomische Welt. In dieser Geschichte spielt die Entdeckung des österreichischen Physikers Christian Doppler (1803–1853) eine wichtige Rolle, der *Dopplereffekt*. Er ist nicht nur in der Astronomie von Bedeutung. Mit seiner Hilfe bestimmen heute Mediziner die Bewegung des Bluts in den Adern, und mit seiner Hilfe blitzt die Polizei Raser auf der Autobahn. Der Dopplereffekt gestattet es auch, Geschwindigkeiten im Weltall zu messen, etwa die der Gasströme auf der Sonne. Im Jahre 1929 erkannte der amerikanische Astronom Edwin P. Hubble am Dopplereffekt im Licht ferner Galaxien, dass das Weltall expandiert. Das Bild vom Urknall steht und fällt mit dem Dopplereffekt. Dabei ist er eine ganz einfache Erscheinung.

Wie die Brieftauben, so die Sternsysteme

Eine Lichtquelle, die bei einer ganz bestimmten Wellenlänge Strahlung aussendet, scheint einem Beobachter, wenn sie sich auf ihn zu bewegt, mit einer kürzeren Wellenlänge abzustrahlen als im Ruhezustand und mit einer längeren, wenn sie sich von ihm entfernt. Den Dopplereffekt gibt es nicht nur beim Licht, er tritt bei allen regelmäßig ausgesandten Signalen auf, zum Beispiel bei Schallwellen, aber auch bei Brieftauben:

Ein Brieftaubenzüchter geht auf die Reise und verspricht seiner Familie, täglich einmal zu schreiben und dazu in 24-stündigem Abstand jeweils eine Taube loszuschicken. Seine Tauben kommen dann, während er sich immer weiter von den Seinen entfernt, in immer größerem zeitlichen Abstand an, denn jedes Tier hat einen längeren Weg zurückzulegen als sein Vorgänger. Während er am Zielort verweilt, kommen die Tiere in 24-stündigem Abstand an, ist er aber auf dem Nachhauseweg, kommen sie in kürzerem Abstand zurück, denn jedes Tier hat einen kürzeren Weg zurückzulegen als sein Vorgänger.

Was für Brieftauben gilt, ist auch für Lichtwellen richtig, die aus in regelmäßigem Zeitabstand ausgesandten elektrischen und magnetischen Wellenbergen bestehen. Bei Sternen kann man den Dopplereffekt benutzen, um ihre Geschwindigkeit auf uns zu oder von uns weg zu bestimmen. Die verschiedenen Atome der Sternmaterie emittieren und absorbieren Licht bei ganz bestimmten Wellenlängen. In den Spektren der Sterne, in denen das Licht nach seiner Farbe, das heißt nach seiner Wellenlänge, zerlegt ist, sieht man daher oft dunkle Linien: Sie liegen bei bestimmten Wellenlängen, bei denen kein Licht vom Stern zu uns kommt, weil Licht gerade dieser Wellenlänge von den äußersten Schichten des Sterns zurückgehalten wird. So prägen zum Beispiel die Atome des Wasserstoffs dem Spektrum charakteristische Linien bei ganz bestimmten Wellenlängen auf. Wenn sich der Stern von uns wegbewegt, verändert der Dopplereffekt die bei uns ankommende Strahlung. Die für die Atome charakteristischen Linien sind in Richtung zum roten Ende des Spektrums verschoben. Es scheint, als ob dort die Wasserstoffatome Licht mit größerer Wellenlänge verschluckt haben, als es Wasserstoffatome im Laboratorium tun, die relativ zu uns ruhen.

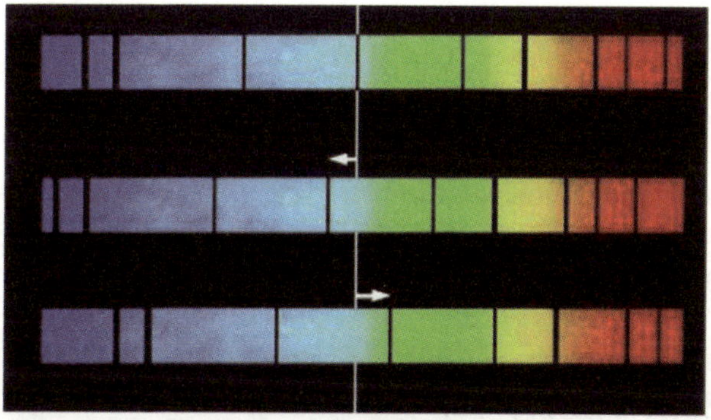

Das Spektrum eines relativ zum Beobachter ruhenden Sterns (oben) zeigt die von den Atomen der Sternatmosphäre erzeugten schwarzen Absorptionslinien. Bewegt sich der Stern auf uns zu, sind die Linien nach dem kurzwelligen blauen Ende (im Bild links) des Spektrums verschoben (Mitte), bewegt er sich vom Beobachter weg, nach dem langwelligen roten Ende hin (unten).

Olin C. Wilson (1909–1994)

Diesen Effekt kann man nutzen, um die Geschwindigkeit eines Sterns zu bestimmen. Hubble untersuchte in den 1920er-Jahren die Spektren von Galaxien. Er erkannte aus dem Dopplereffekt ihres Lichtes, dass sie alle von uns wegfliegen. Je größer die Entfernung, umso größer die Fluchtgeschwindigkeit. Auf dieser Tatsache beruht das Bild vom expandierenden Weltall.

Da diese Vorstellung auf der Deutung der Verschiebung der Spektrallinien durch den Dopplereffekt beruht, werden die Astronomen oft gefragt: „Was, wenn die Linienverschiebung gar nichts mit dem Dopplereffekt zu tun hat? Und was ist, wenn das Licht auf seinem Jahrmillionen langen Weg zu uns ermüdet, etwas Energie verliert, und deshalb röter erscheint?"

Gedehnte Lichtkurven

Dazu gibt es mehrere Gegenargumente, ein sehr schlagkräftiges hat man jetzt entdeckt. Es geht auf eine kurze Notiz zurück, die der amerikanische Astronom Olin C. Wilson schon im Jahre 1939 im „Astrophysical Journal" veröffentlicht hatte. Wilson sagte damals voraus: „Nicht nur die Lichtwellen von fernen Sternsystemen, auch die Lichtkurven ferner Supernovae werden durch die Expansion des Weltalls gedehnt."

Supernovae sind Sterne, deren Helligkeit innerhalb von Tagen auf mehr als das Millionenfache ansteigt, um nach einigen Wochen wieder zu verblassen. Eine bestimmte Art von ihnen, die Astronomen nennen sie *Supernovae vom Typ Ia*, sind besonders interessant, denn sie haben alle im Maximum ihres Ausbruches die gleiche Strahlungsleistung und eignen sich deshalb als „Standardkerzen", mit denen man die Tiefen des Raumes ausloten kann: Wer ihre scheinbare Helligkeit misst, kennt auch ihre Entfernung. Je schwächer sie am Himmel erscheinen, umso weiter sind sie weg.

Die Ausbrüche ferner Supernovae, die eine hohe Fluchtgeschwindigkeit haben, sind für uns zeitlich gedehnt. Das muss auch so sein. Denn wenn sich die Supernova von uns wegbewegt, dann hat jedes Lichtteilchen, das während des Helligkeitsanstieges ausgesandt wurde, einen kürzeren Weg zurückzulegen als ein späteres, das vom Abstieg der Lichtkurve kommt. Das ist nicht anders als bei den Tauben des sich von zu Hause entfernenden Züchters, die in größerem Zeitabstand ankommen. Je größer die Fluchtgeschwindigkeit, umso größer der Unterschied der beiden Wege. So wie die Fluchtgeschwindigkeit den zeitlichen Abstand von Wellenberg zu Wellenberg in jedem Lichtteilchen gedehnt erscheinen lässt, genau

Im Jahre 1994 leuchtete am Rand der Scheibe der Galaxie NGC 4526 eine Supernova (im Bild links unten) vom Typ Ia auf.

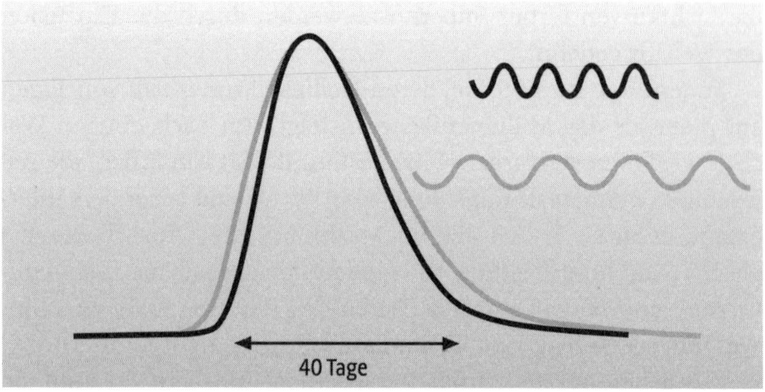

Die Lichtkurve einer Supernova relativ zum Beobachter in Ruhe (schwarz) erscheint zeitlich gedehnt (grau), wenn sie sich von ihm entfernt. Im gleichen Maß werden die Wellenlängen der einzelnen Photonen gedehnt (rechts oben).

in dem gleichen Maße dehnt sie auch den zeitlichen Abstand vom Helligkeitsanstieg zum -abstieg. (Die Dehnung infolge verschieden langer Laufzeiten darf aber nicht mit der sehr viel kleineren Zeitdilatation der Relativitätstheorie verwechselt werden!)

Inzwischen haben 26 rund um den Globus arbeitende Astronomen, angeführt von Gerson Goldhaber in Kaliforniern, nachgewiesen, dass die Dehnung der beobachteten Lichtkurven die Gleiche ist, wie die der Lichtwellen. Dass die Lichtkurven ferner Supernovae gedehnt erscheinen, hat nichts mit irgendwelcher Ermüdung zu tun. Die Ursache liegt wie beim Dopplereffekt der Lichtwellen in den verschiedenen Laufzeiten zu verschiedener Zeit ausgesandter Signale.

Ich erinnere mich noch gut an meinen angesehenen Kollegen Olin C. Wilson, der 1994 im Alter von 85 Jahren starb. Seine Asche wurde auf dem Gelände des Mt.-Wilson-Observatoriums bestattet, nicht weit vom Kuppelbau des 2,5-Meter-Spiegels, hinter dessen Okular er viele Stunden seines Lebens verbracht hat. Als ich im Jahre 1962 am California Institute for Technology arbeitete, hatten wir für einige Zeit das Haus seiner verstorbenen Eltern in der Las Lunas Street in Pasadena gemietet.

... und er war mein Hauswirt gewesen.

Regiert Lambda die Welt?

Was hat eine Naturkonstante manchem Politiker voraus? Ihr Ansehen leidet nicht unter einer eventuell zweifelhaften Vergangenheit – zumindest meist nicht. Zurzeit wird jedoch eine Naturkonstante rehabilitiert, die eine wechselvolle Geschichte hatte.

Der dritte Winter im Ersten Weltkrieg hieß wegen der herrschenden Hungersnot der „Steckrübenwinter". Bei Verdun waren im vergangenen Jahr 280 000 deutsche Soldaten gefallen, 220 000 auf dem Schlachtfeld an der Somme geblieben. In Berlin bereitete sich der 38-jährige Physikprofessor Albert Einstein in jenem Winter auf seinen für den 8. Februar 1917 in der Berliner Akademie der Wissenschaften vorgesehenen Vortrag vor. Er berichtete über die Anwendung seiner neuen Gravitationstheorie auf das Weltall als Ganzes – oder auf das, was die Astronomen damals dafür hielten.

Alle bis dahin beobachtbaren Sterne gehören zu unserem Milchstraßensystem oder zu dessen „Anhängseln", den beiden Magellanschen Wolken. Darüber hinaus war wenig bekannt. Noch mehr als drei Jahre später sollte man sich darüber streiten, ob die Spiralnebel Gaswolken in unserem Milchstraßensystem sind, oder Ansammlungen von Milliarden von Sternen, so weit draußen im Raum, dass sie selbst in den damals größten Fernrohren nur als strukturlose Wölkchen erschienen (vgl. hierzu auch die Geschichte von zwei populären Astronomiebüchern auf S. 50).

Einstein und das statische Weltall

Die zur damaligen Zeit beobachtbaren Sterne bewegen sich nicht mit allzu großen Geschwindigkeiten gegeneinander, die meisten kaum schneller als etwa 100 Kilometer pro Sekunde. Als Einstein nun versuchte, seine Gleichungen auf den gesamten Kosmos anzuwenden, erhielt er lediglich Weltmodelle, die andeuteten, dass das Weltall als Ganzes sich entweder ausdehnt oder in sich zusammenstürzt. Ein ruhiges Weltall, bei dem die Sterne wie die Mücken in einem Schwarm zwar kreuz und quer fliegen, der Schwarm selbst aber seinen Durchmesser weder vergrößert noch verkleinert, ein solches Weltall ließen seine Gleichungen nicht zu. Aber an genau so ein Weltall glaubten die Astronomen damals. Als Einstein daraufhin seine Allgemeine Relativitätstheorie noch einmal überprüfte, merkte er, dass die Regeln, nach denen er sie hergeleitet hatte, neben der Anziehungskraft der Gravitation auch noch eine abstoßende Kraft zuließen, die er zuvor übersehen hatte. Der Fehler spielt im Bereich der Planeten und auch in der Milchstraße keine Rolle, nur für das Weltall als Ganzes ist er von Bedeutung.

Als Einstein seine Gleichungen korrigierte, lieferten sie ihm ein statisches Weltall, dessen Materie weder in einer Art Explosion auseinander fliegt, noch in einer Implosion in sich zusammenstürzt, ein Weltall also, wie es sich die Astronomen damals vorstellten. Während darin über kurze Entfernungen die Anziehungskraft vorherrscht, kann auf große Entfernung der vorher vergessene Teil der Gleichungen dominieren. Er wird durch eine neue Naturkonstante festgelegt, die *Kosmologische Konstante*, die Einstein mit dem griechischen Buchstaben Lambda (Λ) bezeichnete. Sie ermöglicht ein Weltall, das im Gleichgewicht ist. Einstein war zufrieden.

Einstein erfährt von der Expansion

Er hätte sich aber mehr um die Astronomie kümmern sollen. Im gleichen Jahr, in dem er die kosmologische Konstante in seine Gleichungen einführte, berichtete der amerikanische Astronom Vesto Slipher vom Lowell-Observatorium in Flagstaff/Arizona von einem Spiralnebel, der sich mit 1120 Kilometer pro Sekunde von uns entfernt, unbegreiflich schnell für die damals beobachteten Geschwindigkeiten im Weltall. Bald kamen weitere Hinweise auf Spiralnebel, die mit großen Geschwindigkeiten von uns wegfliegen. Die Vorstellung von einem statischen Weltall verlor immer mehr an Boden, vor allem als Edwin Hubble erkannte, dass die Spiralnebel Sternsysteme sind wie unser Milchstraßensystem, und als er im Jahre 1929 zeigte, dass diese Systeme sich im Raum voneinander entfernen.

Erst als Einstein im Januar 1931 das Observatorium auf dem Mt. Wilson, nördlich von Los Angeles, besuchte und mit Hubble und dessen Mitarbeitern diskutierte, wurde ihm bewusst: Das Weltall ist gar nicht im Gleichgewicht. Damit war der Grund für die kosmologische Konstante hinfällig und Einstein selbst hielt von da an ihre Einführung für den größten Fehler seines Lebens.

Doch diese zusätzliche Konstante tritt bei der Herleitung der Einsteinschen Gleichungen auf, ob man nun will oder nicht. Wer sie weglässt, muss das begründen. Ihre Vergangenheit, erst vergessen, dann zu Hilfe genommen und dann wieder weg gelassen, hat früher viele Kosmologen daran gehindert, sich ihr liebevoll zu widmen.

Dabei kann die kosmologische Konstante das Leben der Astronomen erleichtern. In der letzten Zeit gab es immer wieder Hinweise darauf, dass das Weltall möglicherweise jünger ist als seine ältesten Sterne, das Ei älter als die Henne – peinlich. Wenn aber die von der kosmologischen Konstanten hervorgerufene, abstoßende Kraft die Expansion des Weltalls beschleunigt, dann war die Bewegung früher langsamer, und deshalb unterschätzen wir das Weltalter, wenn wir mit der heutigen Ausdehnungsgeschwindigkeit an den Anfang zurückrechnen. Die kosmologische Konstante enthebt die Astronomen also einer Peinlichkeit.

Eine unbekannte abstoßende Kraft

Inzwischen gibt es tatsächlich Hinweise darauf, dass die Expansion des Weltalls im Laufe der Zeit immer schneller wird. Wenn wir Sternsysteme in extremer Entfernung beobachten, war das Licht von dort zu uns lange unterwegs. Wir blicken also in die Frühzeit unseres Kosmos, und wir können die Ausdehnungsgeschwindigkeit von damals abschätzen. Es scheint, als ob sie tatsächlich früher langsamer war, dass die Expansion also beschleunigt erfolgt, dank einer abstoßenden Kraft, wie sie Einsteins verpönte kosmologische Konstante liefert.

Daher stehen wir jetzt vor einer Rehabilitation von Einsteins Λ. Man glaubt sogar, die Ursache der Abstoßung zumindest zum Teil zu verstehen, und spricht von Vakuumenergie und einem noch unbekannten Stoff. Wir wissen fast nichts von ihm – nur wie er heißt, das steht schon fest. Drei Astrophysiker der University of Pennsylvania tauften ihn auf den Namen *Quintessenz*. In Anlehnung an die vier Elemente der Griechen, Feuer, Wasser, Luft und Erde, stellt sie sozusagen das fünfte Element dar, die Quintessenz. Meist aber wird der rätselhafte, unsichtbare Stoff, dessen abstoßende Kraft die Expansion des Weltalls beschleunigt, als *dunkle Energie* bezeichnet.

So leben wir wahrscheinlich in einer Welt, die nicht nur von der Anziehungskraft, sondern auch von einer kosmologischen Abstoßung regiert wird. Das wäre eine Welt, in der sich die Planeten, die Sterne, die Galaxien und auch die noch nicht genauer bestimmte dunkle Materie zwar gegenseitig anziehen, in der die Sternsysteme sich aber über große Entfernungen hinweg beschleunigt voneinander entfernen, weil das Weltall von einem noch unbekannten Stoff auseinander getrieben wird.

... und das ist die Quintessenz.

Valium für Kosmologen

Haben Sie es auch gelesen? Es wird geredet, geschrieben und gedruckt, es wäre beliebig unwahrscheinlich, dass es uns gibt. Die beobachtete Expansion des Weltalls legt nahe, es habe mit unendlich hoher Dichte begonnen. Die kosmische Hintergrundstrahlung lehrt uns, dass es dann auch mit unendlich hoher Temperatur begonnen haben muss. Doch Vorsicht! Wenn wir in Gedanken die Ausdehnungsbewegung des Weltalls mit der bekannten Physik zurückverfolgen, kommen wir irgendwann in Bereiche so extremer Dichte und Temperatur, dass die uns bekannte Physik versagt und nichts mehr über das Schicksal des Weltalls in früheren Zeiten aussagen kann.

Die Weiße Epoche

Es ist aber erstaunlich, wie weit wir uns mit diesem Zurückverfolgen dem geheimnisvollen Anfang nähern können. Die Elementarteilchenphysiker können in ihren Beschleunigern Materieteilchen mit nahezu Lichtgeschwindigkeit aufeinander prallen lassen. Dabei bilden sich auf mikroskopisch kleinem Raum Zustände aus, wie sie einen winzigen Bruchteil nach dem rätselhaften Urknall herrschten. Das in Sekunden ausgedrückte Weltalter hatte hinter dem Komma elf Nullen, ehe die erste von Null verschiedene Ziffer auftritt.

Die Physik, die vorher herrschte, ist experimentell nicht untermauert. Möglicherweise galten die physikalischen Gesetze sogar auch davor. Wir haben aber nicht die leiseste Ahnung, welche physikalischen Gesetze herrschten, als das Weltalter in Sekunden ausgedrückt 41 oder noch mehr Nullen hinter dem Komma hatte. Dazu nämlich müssten Quantenmechanik und Relativitätstheorie miteinander vereint werden, was bisher noch keinem Physiker gelungen ist. Was vor diesem Zeitpunkt war, den man nach dem Physiker Max Planck die *Planckzeit* nennt, davon haben wir keine Ahnung, denn wir kennen die physikalischen Gesetze jener frühen

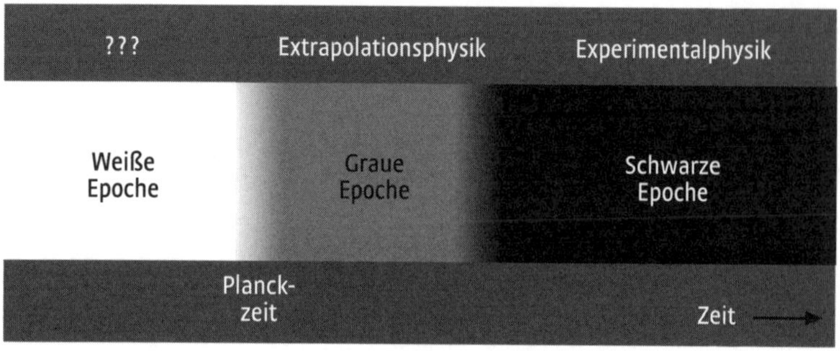

Epochen in der Frühgeschichte des Weltalls: Schwarze Epoche (rechts): Die Physik ist durch Experimente gesichert. Graue Epoche: Die Physik wird über den experimentellen Erfahrungsbereich extrapoliert. Weiße Epoche (links): Die Physik ist völlig unbekannt (die Planckzeit). Die Zeiten sind nicht maßstabsgetreu aufgetragen.

Zeit nicht, die ich, in Anlehnung an die weißen Flecken auf den Landkarten früherer Jahrhunderte, die *Weiße Epoche* des Weltalls nenne.

Wir wissen nicht, was Raum und Zeit in ihr bedeuteten. Deshalb ist es auch unsinnig, ihr eine Zeitdauer zuzuweisen. Aussagen wie, sie hätte kurze oder lange, vielleicht auch unendlich lange Zeit gewährt, sind sinnlos, von der Frage „Was war davor?" gar nicht zu reden. Man könnte vermuten, dass bei einem Weltalter von Milliarden Jahren dieser winzigste Bruchteil der ersten Sekunde keine Rolle spielt. Doch gerade damals wurde das spätere Schicksal des Weltalls festgelegt.

Das „Wunder" vom fein abgestimmten Weltall

Wir wissen nur, dass das Weltall aus der Weißen Epoche so hervorgegangen ist, als hätte es davor mit unendlich hoher Dichte und unendlich hoher Temperatur mit einer expandierenden Bewegung begonnen. Danach allerdings galten die Naturgesetze, so wie wir sie heute kennen und die wir durch Formeln beschreiben können, in denen Naturkonstanten auftreten. Das sind zum Beispiel die Lichtgeschwindigkeit, die elektrische Ladung des Elektrons, die

Konstante, welche die Kräfte bestimmt, die die Atomkerne zusammenhalten. Zu ihnen zählen weiter die Masse des Protons und die des Elektrons, schlicht alles, was der Physik gut und teuer ist. Auch die Expansionsrate, mit der das Weltall begann, gehört dazu. Als das Weltall weiterexpandierte, entstanden Galaxien, Sterne und Planeten. Von mindestens einem Planeten wissen wir, dass auf ihm Leben entstand.

Nun kommt das große Wunder: Wäre die Expansionsrate des Weltalls nur um ein Hunderttausendstel eines Prozents kleiner gewesen, das Weltall wäre nie ausgekühlt, die Schwerkraft hätte es schon vorher wieder in sich zusammenstürzen lassen, Leben wäre niemals entstanden. Wäre es aber mit einer nur um ein hunderttausendstel Prozent größeren Expansionsrate gestartet, hätte es sich so schnell ausgedehnt, dass weder Sterne noch Galaxien entstanden wären, also wieder kein Leben. Dass es uns gibt, verdanken wir noch weiteren Zufällen: Wären die Kernkräfte nur ein bisschen stärker, es wäre kein einfacher Wasserstoff entstanden, dessen Fusion zu Helium die meisten Sterne und vor allem die Sonne so lange leuchten lässt, dass sich auf einem Planeten im Laufe von Milliarden Jahren Leben entwickeln konnte. Wären die Kernkräfte etwas geringer, gäbe es keinen Kohlenstoff für die Aminosäuren in uns und keinen Sauerstoff zum Atmen. Die Liste ließe sich beliebig weiter fortsetzen. Welch Wunder, dass die Naturkonstanten so fein abgestimmt sind, dass die Erde über Milliarden Jahre von der Sonne warm gehalten wurde, denn so lange benötigte die Natur, um höhere Lebewesen hervorzubringen.

Oder doch kein Wunder?

Liebe Leser, ehe Ihnen der Schauer über diese tiefe Weisheit der Natur kalt über den Rücken rieselt, lassen Sie sich diese Schlussweise einmal in Ruhe auf der Zunge zergehen: Das Schicksal des Weltalls wurde durch den Zustand bestimmt, mit dem es aus der Weißen Epoche herausgekommen ist, insbesondere durch die Zahlenwerte der ihm bei der Geburt mitgegebenen Naturkonstanten. Aber auch die Eigenschaften des Lebens, so wie wir es kennen, werden durch die physikalischen und chemischen Vorgänge in den Organismen und damit durch die Naturkonstanten unseres Weltalls bestimmt. Das gilt auch für die Zeitdauer, die nötig war, um aus primitivsten Lebensformen intelligentes Leben entstehen zu lassen.

Wer sich also ausmalt, wie es in einem fremden Weltall zugeht, das mit anderen Naturkonstanten geboren wurde, darf sich nicht wundern, dass unser Leben, also das mit den Naturkonstanten *unseres* Weltalls, in jener fremden Welt nicht existieren könnte. In jenen Universen mit ihren fremden Naturgesetzen gäbe es vielleicht ein ganz anderes System der chemischen Elemente, denn auch dieses wird durch die Naturkonstanten bestimmt. Hätten sich dort vielleicht komplizierte Strukturen bilden können, die so etwas wie „Leben“ sind und die dort existieren und sich weiterentwickeln? Darüber kann man spekulieren, mehr aber auch nicht.

Das Beruhigungsmittel

Mich persönlich reißt die Feinabstimmung des Weltalls nicht vom Stuhl, ich brauche kein Valium, um mich zu beruhigen. Deshalb bedarf ich auch nicht des Trostes, den sich viele Kosmologen gegenseitig spenden. Nach ihrer Meinung gibt es nicht nur ein Universum, sondern mehrere, vielleicht unendlich viele. Es sind Welten, zu denen wir keinen Zugang haben. Das ist das Bild der *Mehrfachuniversen*. Warum soll es sie geben?

Alle unsere Beobachtungen sprechen dafür, dass das Weltall unendlich ausgedehnt ist, oder zumindest sehr groß. Wir können aber nicht alle Bereiche dieses ausgedehnten Weltalls beobachten. Da das Licht eine endliche Geschwindigkeit besitzt, sehen wir entfernte Objekte nicht so, wie sie heute sind. Wir sehen sie so, wie sie waren, als dort das Licht ausgesandt wurde, das uns heute erreicht. Wir blicken im Raum also in frühere Zeiten zurück.

Unser Blick kann aber nicht weiter in die Vergangenheit reichen als bis an den Anfang der Welt. Wenn wir ein Weltalter von 13 Milliarden Jahren annehmen, dann hat uns noch kein Lichtstrahl erreichen können, der aus mehr als 13 Milliarden Lichtjahren Entfernung zu uns unterwegs ist. Das bedeutet, dass es im Raum Bereiche geben kann, aus denen keinerlei Information zu uns kommt. Es könnte sein, dass dort andere Naturkonstanten die Abläufe bestimmen als in dem uns zugänglichen Bereich. Es könnte auch sein, dass unser dreidimensionaler Raum in einen vierdimensionalen Raum eingebettet ist, so wie zweidimensionale Flächen in unserem dreidimensionalen Raum Platz haben. Jener vierdimensionale Raum könnte neben unserem noch viele, ja vielleicht unendlich viele dreidimensionale Universen beherbergen.

In ihnen mag das Geschehen mit anderen Naturkonstanten ablaufen als in unserem, und in ihnen möge vielleicht nie Leben entstehen. Nur in dem Weltall mit unseren Naturkonstanten konnten Kosmologen entstehen, die sich wundern, warum ihr Weltall so fein abgestimmt ist, dass es sie geben kann. Man beachte aber, dass da die Existenz anderer Welten angenommen wird, die es vielleicht geben mag, mit denen wir aber keinerlei Kontakt haben können. Was immer ich über jene fremden Welten sage, ich kann es nicht beweisen, es kann mich aber auch niemand widerlegen. Also macht es keinen wissenschaftlichen Sinn, darüber zu spekulieren.

Natürlich kann ich mir vorstellen, dass am Anfang der Welt ein Schöpfer die freie Wahl hatte, die Naturkonstanten so zu wählen, dass sich in dem so entstehenden Weltall intelligentes Leben bilden musste. Dagegen will ich nicht argumentieren, ich respektiere die religiöse Betrachtungsweise. Sie ist aber kein naturwissenschaftliches Argument, sondern gehört in eine andere Fakultät.

Was ist Wahrheit?

Eine „wahre“ naturwissenschaftliche Vorstellung darf nicht zu den bis dahin bekannten Beobachtungen und Naturgesetzen in Widerspruch stehen. Ein so als wahr angesehenes Weltbild kann sich allerdings als falsch entpuppen, wenn eine neue Beobachtung hinzukommt oder ein neues Naturgesetz entdeckt wird.

Kreist die Erde wirklich um die Sonne?

Das halten heute fast alle Menschen für wahr. Bei den alten Griechen aber stand die Erde im Mittelpunkt, Sonne, Mond und Planeten umkreisten sie. Im 16. Jahrhundert setzte die Kopernikanische Revolution (vgl. hierzu auch S. 39) die Sonne in die Mitte und ließ Erde und Planeten um sie kreisen. Dieses Bild konnte wie das griechische die damaligen Beobachtungen erklären. Es war aber auch nicht besser. Doch dann sah Galilei im Fernrohr, dass die Venus Phasen zeigt wie der Mond, also einmal voll erscheint, dann wieder halb und schließlich als schmale Sichel, und dass sie als Sichel einen größeren Durchmesser hat als in voll beleuchtetem Zustand. Das ließ sich im griechischen Weltbild nicht erklären, wohl aber, im System des Kopernikus. War damit das griechische System widerlegt?

Doch warum wurde damals Galilei der Prozess gemacht? Weil der dänische Astronom Tycho Brahe sich einen Kompromiss ausgedacht hatte. Bei ihm bewegen sich Sonne, Mond und Planeten relativ zueinander genauso wie bei Kopernikus. Doch die Erde und nicht die Sonne steht im Raum still. Die anderen Planeten kreisen zwar um die Sonne, die aber zieht eine Bahn um die Erde und nimmt dabei die sie umkreisenden Himmelskörper mit. Auch im Bild von Tycho Brahe zeigt die Venus Phasen wie in dem des Kopernikus. Damit war es genau so „wahr“, und der Klerus war mit ihm zufrieden, der Glaube an die ruhende Erde war gerettet. Dann zeigte Isaac Newton, dass die irdische Mechanik auch im Weltall gilt. Sonne und Planeten müssen sich um den gemeinsamen

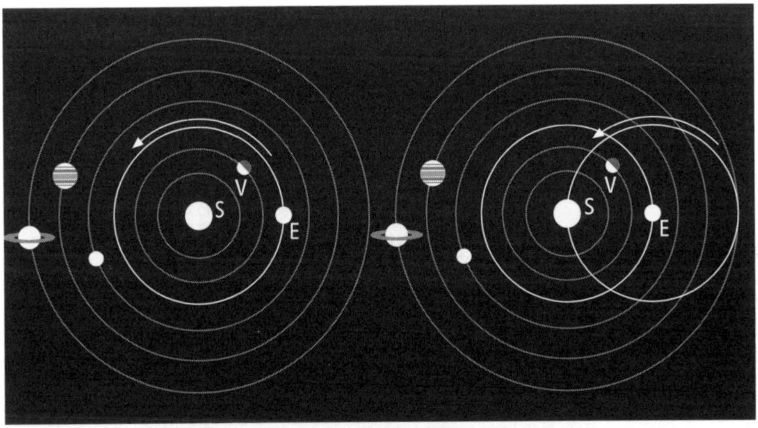

Das Kopernikanische Weltbild (links) und das des Tycho Brahe (rechts). Links bewegt sich die Erde (E) in der dritten Bahn von innen um die Sonne (S). Die Erdbewohner sehen die Venus (V) auf der zweitinnersten Bahn halb beleuchtet. Rechts: Die Erde ruht in der Mitte und wird von der Sonne umkreist. Sonne, Venus und Erde stehen zueinander genauso wie links, von der Erde aus gesehen herrscht auch hier Halbvenus.

Schwerpunkt bewegen, und der liegt nahe am Sonnenmittelpunkt, also steht die Sonne praktisch still. Damit wurde das tychonische Weltbild wieder „falsch". Es widersprach den neuen Naturgesetzen der Mechanik.

Die Umlaufbewegung der Erde konnte erst Jahrhunderte später nachgewiesen werden. Innerhalb eines Jahres sehen wir die Fixsterne von verschiedenen Orten der Erdbahn aus. Dies führt dazu, dass wir die Sterne in jeweils etwas anderen Richtungen sehen. Diese Verschiebung nennen die Astronomen *Parallaxe.* Sie ist bei den nahen Sternen größer als bei den fernen. Erst im Jahre 1829 reichte die Messgenauigkeit der Astronomen aus, die Parallaxe eines Sterns zu messen.

Wird damit das Bild des Tycho Brahe endgültig widerlegt? Oder könnte nicht die Erde trotz Parallaxe stillstehen, während die Sonne wie bei Tycho um die Erde kreist? Liegt der Effekt vielleicht nicht an der Bewegung der Erde, sondern daran, dass jeder Stern im Laufe eines Jahres einen Kreis vom Radius der Erdbahn um

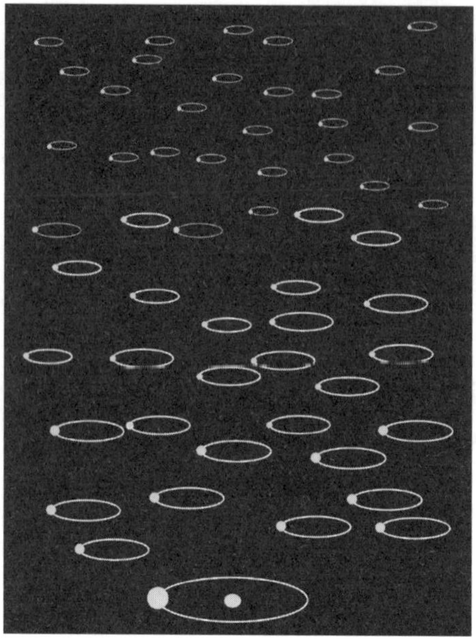

Ein Blick in das wobbelnde Weltall. Die Sonne (im Bild die größte Scheibe) umkreist die Erde (unten in der Mitte der Ellipse). Jeder Stern zieht im Laufe eines Jahres eine Kreisbahn vom Radius des Abstandes Erde – Sonne um einen imaginären Punkt. Die Kreisbahnen der entfernteren Sterne erscheinen von der Erde aus kleiner. Die Parallaxen sind dieselben wie im Kopernikanischen Bild.

einen unsichtbaren Mittelpunkt beschreibt? Natürlich erscheint uns dieses wobbelnde Weltall unsinnig, aber es könnte die Parallaxenbewegung erklären. Doch warum schließen wir es aus? Wir halten es für Unsinn, weil das Kopernikanische System einfacher ist.

Leben wir in einer Hohlwelt?

Es gibt ein noch drastischeres Beispiel für ein konkurrierendes Weltbild, das wie das Kopernikanische alle Erscheinungen erklären kann, die *Hohlwelttheorie*. Nach ihr leben wir nicht auf der Oberfläche einer Vollkugel, der Erde, sondern im Inneren einer Hohlkugel. Das ganze Weltall mit Sonne, Mond und Sternen steckt in

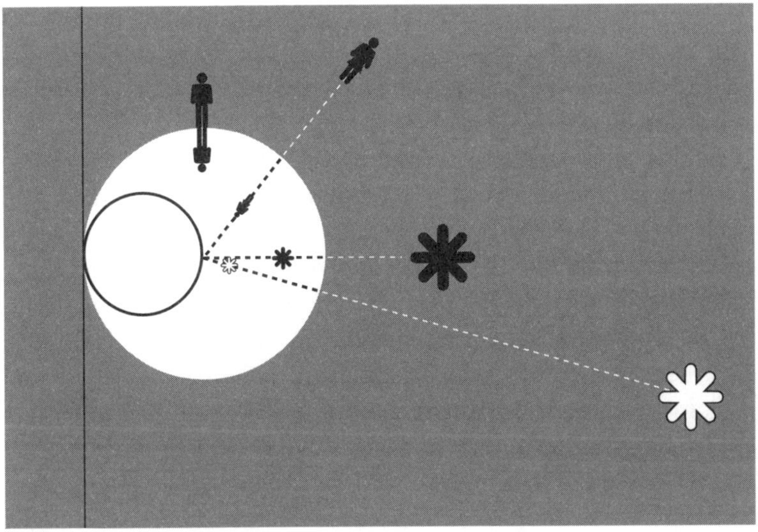

Roman Sexls Spiegelung der Außenwelt in das Innere einer Kugel. Der Spiegelpunkt eines Außenpunktes, der vom Mittelpunkt x Kugelradien entfernt ist, liegt auf der Verbindungsgeraden Außenpunkt – Mittelpunkt und ist 1/x Kugelradien von der Mitte entfernt. Aus einer Geraden (schwarz) wird bei der Spiegelung ein Kreis, der durch den Kugelmittelpunkt geht. Die Mathematiker nennen das eine Abbildung durch reziproke Radien. Gleichgültig, ob ein Objekt weit von der Kugel entfernt ist oder nahe, es wird in das Kugelinnere gespiegelt; auch die Person, die oben auf der Kugel steht.

ihr. Wir stehen auf der Innenseite der Hohlkugel, die Köpfe zum Mittelpunkt gerichtet. Unter unseren Füßen ist Erde, die sich in unbekannte Tiefen erstreckt.

Diese abstruse Vorstellung erhielt in den 1970er-Jahren durch den österreichischen Physiker Roman Sexl (1939–1986) ihre Weihe, nicht weil Sexl an sie glaubte, sondern weil er an ihr zeigte, wie es um die „Wahrheit" der Weltbilder bestellt ist. Er konstruierte seine Hohlwelt, indem er jeden Punkt des Weltraums in das Innere einer Kugel von der Größe der Erde spiegelte. Je weiter ein Himmelskörper von der Erde entfernt ist, umso näher liegt sein Spiegelpunkt am Mittelpunkt der Hohlkugel. Die Spiegelbilder der Fixsterne und der Galaxien drängen sich um die Mitte. Lichtstrahlen der Außenwelt sind in der Innenwelt krumm. Wie im Fall der Vollerde können wir auch in der Hohlwelt am Meer nicht über die Kimm schauen, und sehen vom hinter ihr verschwindenden Schiff nur noch die Mastspitzen.

Sonne und Planeten haben in der Hohlkugel Platz, weil sie bei der Spiegelung klein werden. Doch davon merken wir nichts, weil auch alle Maßstäbe bei der Spiegelung verändert werden. Mit diesen verkleinerten Meterstäben gemessen hat die bei der Spiegelung zusammengequetschte Sonne immer noch den gleichen Durchmesser wie im Kopernikanischen System. Leben wir in Sexls Hohlwelt? Dass den *Apollo*-Astronauten am Mond nichts davon auffiel, ist kein Argument dagegen. Sie waren ja selbst geschrumpft und mit ihnen ihr Landegerät und alles, was darin war. Alle Naturgesetze, die wir kennen, lassen sich umrechnen auf die Hohlwelt. Sie werden dann zwar sehr viel komplizierter, aber sie beschreiben die Erscheinungen in der Hohlwelt genauso, wie unsere Naturgesetze die Vorgänge im Kopernikanischen Bild. Es ist prinzipiell nicht entscheidbar, ob wir in der Hohlwelt oder in der uns vertrauten Außenwelt leben.

Ich will über Sexl hinausgehen: Warum nur an der Erdoberfläche spiegeln? Ich kann das Weltall in jede beliebige Kugel hineinprojizieren. Zum Beispiel in eine Kugel, die am Christbaum hängt.

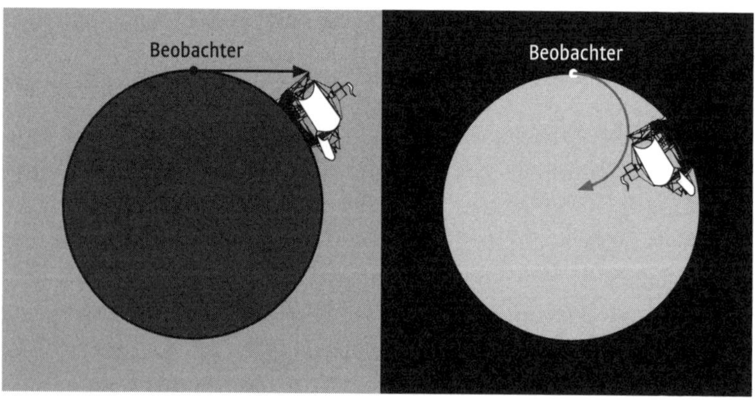

Auf der Vollerde (links) sieht der Beobachter von einem sich entfernenden Schiff zuletzt nur noch die Mastspitzen. Wegen der gekrümmten Lichtstrahlen (rechts) nimmt er auch in der Hohlwelt zuletzt nur noch die Mastspitzen wahr.

Es gibt prinzipiell keine Möglichkeit, durch Beobachtungen oder durch Experimente zu entscheiden, in welcher Welt wir leben. Warum aber glauben wir dann an die Kopernikanische Beschreibung der Welt? Einzig und allein, weil sie für unser Denken einfacher ist als das wobbelnde Weltall und als Sexls Hohlwelt! Den Begriff der *wahren* Natur gibt es nicht. Wir erfahren von ihr nur durch Beobachtungen und durch gezielte Experimente. Welches Bild wir uns dann von ihr machen, ist die Sache unseres Denkens, das sich aus all den damit zu vereinbarenden Bildern das einfachste auswählt.

Doch was uns „einfach“ erscheint, hängt von den Vernetzungen in unseren Gehirnen ab. Bewohner anderer Planeten sehen vielleicht etwas als einfach an, das uns kompliziert erscheint. Selbst menschliche Gehirne können verschiedene Vorstellungen von „einfach“ haben. Fragen Sie einen Physiker und einen Hundezüchter, was ihnen einfacher erscheint, ein Wasserstoffatom oder ein Hund. Der Physiker wird sagen: „Ein Hund ist ein sehr kompliziertes System. Das Wasserstoffatom aber hat nur einen Kern, um den ein Elektron kreist. Wenn es sich auf einer äußeren Bahn bewegt, wird es kurz danach in einen niedrigeren Zustand springen – mit einer gewissen Wahrscheinlichkeit. So einfach ist das.“ „Nein, der Hund ist viel einfacher“, wird der Züchter einwerfen, „wenn ich ihn rufe, kommt er kurz danach – mit einer gewissen Wahrscheinlichkeit.“

Register

Bildnachweis

Annual review of Astronomy and Astrophysics: S. 141; Astronomisches Institut Wien: S. 51; Astrophysical Journal: S. 84; Anthony Ayiomamitis: S. 49; John Bahcall: S. 101, 137; Bruno H. Bürgel: S. 53; Bureau International des Poids et Mésures (BIPM, www.bipm.org): S. 11; European Southern Observatory (ESO): S. 32; Gary A. Flandro: S. 89, 90; Gauß-Gesellschaft Göttingen: 93, 96; Robert Gendler: S. 132, 167 (oben); Ray Gralak: S. 121; Archiv Rudolf Kippenhahn: S. 8, 9 (beide), 36, 56, 63, 72, 106, 133, 138, 165, 169, 184; Karl von Littrow, Karl Stumpff: S. 130; Pressestelle der Max-Planck-Gesellschaft: S. 38, 64, 152, 153; B. J. Mochejska, J. Kaluzny: S. 120; National Aeronautics and Space Administration (NASA): S. 66, 69, 76, 80, 110, 127, 167 (unten), National Optical Astronomy Observatory (NOAO): S: 162 (rechts); Sternwarte Sonneberg: S. 135; 171; Wolfhard Schlosser, Universität Bochum: S. 128; Gerhard Weiland, nach Vorlagen des Verfassers: S. 13, 16, 20, 21, 23, 26, 27, 28, 46, 57, 58, 68, 108, 115, 139, 151, 158, 164, 172, 178, 183, 185, 186

Trotz aller Sorgfalt konnten die Urheber des Bildmaterials nicht in allen Fällen ermittelt werden. Es wird ggf. um Mitteilung gebeten.

Impressum

Umschlaggestaltung von eStudio Calamar unter Verwendung einer Infrarotaufnahme des Großen Orion-Nebels (© ESO/VLT) sowie eines Fotos von Rudolf Kippenhahn (© Baader Planetarium GmbH, Mammendorf).

Mit 5 Farb- und 81 Schwarzweißabbildungen. Bildnachweis Seite 190.

Bibliografische Information der Deutschen Nationalbibliothek
Die Deutsche Nationalbibliothek verzeichnet diese Publikation in der Deutschen Nationalbibliografie. Detaillierte bibliografische Daten sind im Internet über http://dnb.ddb.de abrufbar.

Gedruckt auf chlorfrei gebleichtem Papier

ISBN-13: 978-3440-10424-8
ISBN-10: 3-440-10424-9
Redaktion: Justina Engelmann
Produktion: Siegfried Fischer, Johannes Geyer
Printed in the Czech Republic/Imprimé en République Tchèque